U0802238

新疆防雷安全监管

主　编：康　伟
副主编：谭　侨　赵　斐

气象出版社
China Meteorological Press

图书在版编目(CIP)数据

新疆防雷安全监管 / 康伟主编. --北京 ：气象出版社，2021.3

ISBN 978-7-5029-7402-2

Ⅰ. ①新… Ⅱ. ①康… Ⅲ. ①防雷-安全管理-新疆 Ⅳ. ①P427.32

中国版本图书馆 CIP 数据核字(2021)第 046081 号

Xinjiang Fanglei Anquan Jianguan

新疆防雷安全监管

出版发行：气象出版社

地　　址：北京市海淀区中关村南大街 46 号　**邮政编码**：100081

电　　话：010-68407112(总编室)　010-68408042(发行部)

网　　址：http://www.qxcbs.com　**E-mail**：qxcbs@cma.gov.cn

责任编辑：蔺学东　**终　　审**：吴晓鹏

责任校对：张硕杰　**责任技编**：赵相宁

封面设计：博雅锦

印　　刷：北京建宏印刷有限公司

开　　本：787 mm×1092 mm　1/16　**印　　张**：7.75

字　　数：210 千字

版　　次：2021 年 3 月第 1 版　**印　　次**：2021 年 3 月第 1 次印刷

定　　价：60.00 元

本书编委会

主　　编：康　伟

副 主 编：谭　侨　赵　斐

编写人员：（以姓氏笔画排序）

王延慧　周　斌　钱　勇　黄晓露　梁田甜　焦　阳

资料整理：黄晓露　王延慧　梁田甜　焦　阳

统稿审核：谭　侨　赵　斐

校　　对：黄晓露　王延慧　梁田甜　焦　阳　钱　勇

前 言

为指导新疆维吾尔自治区、地(州、市)、县气象局依法履行防雷安全监管职责，规范防雷检测机构质量考核工作要求，保证考核工作的一致性，根据《中华人民共和国气象法》、《气象灾害防御条例》(国务院令第570号)、《气象行政许可实施办法》(中国气象局令第33号)、《气象行政处罚办法(修订)》(中国气象局令第19号)、《防雷减灾管理办法(修订)》(中国气象局令第24号)、《雷电防护装置设计审核和竣工验收规定》(中国气象局令第37号)、《雷电防护装置检测资质管理办法(修订)》(中国气象局令第38号)、《防雷装置检测质量考核通则》(QX/T 317—2016)和《新疆维吾尔自治区雷电防护装置检测质量考核暂行办法》等法律法规和规范性文件以及技术标准，编写了本书，供自治区、地(州、市)、县气象局防雷监管人员在开展防雷安全监管工作中使用。

本书结合本地实际，紧贴新疆防雷监管工作，基本涵盖了防雷监管工作的任务、方法和方式等内容，重点介绍了雷电防护装置检测机构质量考核的组织管理、考核方式、考核方法及考核内容。本书不仅可以作为防雷安全监管人员的工作工具书，也可作为雷电防护装置检测从业机构和从业者的学习参考用书。

本书中的要求与国家及部门监管法规规范的要求保持一致性，引用的法规规范以最新版本为准，持有者必须严格按照其中要求执行。

本书因编写时间仓促，难免存在一些不足之处，甚至错误，有待于在今后的使用中加以改进和完善。衷心期望读者结合使用提出宝贵意见和建议，以便完善更新。

编 者

2020年12月

目　录

第一章　监管任务

一、监管对象

1. 油库、气库、弹药库、化学品仓库、烟花爆竹、石化等易燃易爆建设工程和场所，雷电易发区内的矿区、旅游景点或者投入使用的建(构)筑物、设施等需要单独安装雷电防护装置的场所，以及雷电风险高且没有防雷标准规范、需要进行特殊论证的大型项目(以下简称易燃易爆、矿区、旅游景点等场所)。

2. 部分建设工程防雷许可整合交接前，气象主管机构实施防雷许可的建设工程和场所。

3. 雷电防护装置检测机构。

二、监管方式

1. 行政许可。对本行政区域内易燃易爆、矿区、旅游景点等场所的雷电防护装置设计审核和竣工验收实施行政许可；对雷电防护装置检测资质实施行政许可。

2. 行政检查。对本行政区域内防雷安全工作进行行政检查。

3. 行政处罚。对本行政区域内违反防雷法律法规的行为进行行政处罚。

4. 质量考核。对本行政区域内依法开展防雷安全检测工作的机构进行检测质量考核。

三、监管职责

1. 地(州、市)气象局的监管职责

(1)负责本行政区域内雷电灾害防御工作的组织管理。压实政府的领导责任，建立部门协调机制，消除部门间的职责交叉和监管空白。根据上级有关规定和要求，结合本地实际，制定具体监管办法，依托信息技术手段和全国防雷减灾综合管理服务平台，创新监管手段，落实监管制度，确保本行政区域内安装的雷电灾害防护装置符合国务院气象主管机构规定的使用要求；制定年度防雷安全监督检查计划；联合有关部门开展防雷安全检查和行政执法。

(2)负责本行政区及未设气象主管机构县(市、区)内易燃易爆场所、矿区、旅游景点等的雷电防护装置设计审核和竣工验收的行政许可及其监管工作。

(3)负责本行政区及未设气象主管机构县(市、区)内雷电灾害防御重点单位的防雷安全监管工作，公布名录，签订防雷安全责任书，落实重点单位防雷安全主体责任。

(4)负责本行政区及未设气象主管机构县(市、区)内雷电防护装置检测资质单位(含疆外资质单位)开展雷电防护装置检测活动的监管工作，配合自治区气象局对申报的资质单位开展现场核查工作，配合自治区气象局对所辖区雷电防护装置检测机构的检测质量进行考核。

(5)负责对下级气象主管机构履行防雷安全管理责任的监管工作。

2. 县(市、区)气象局的监管职责

(1)负责本行政区域内雷电灾害防御工作的组织管理。压实政府的领导责任,建立部门协调机制,消除部门间的职责交叉和监管空白。根据上级有关规定和要求,创新监管手段,落实监管制度,确保本行政区域内安装的雷电灾害防护装置符合国务院气象主管机构规定的使用要求;联合有关部门并配合设区市气象局开展防雷安全检查和行政执法。

(2)负责本行政区域内易燃易爆、矿区、旅游景点等场所的雷电防护装置设计审核和竣工验收的行政许可及其监管工作。

(3)负责本行政区域内雷电灾害防御重点单位的防雷安全监管工作,落实重点单位防雷安全主体责任。

(4)负责本行政区域内雷电防护装置检测机构(含疆外雷电防护装置检测机构)开展雷电防护装置检测活动的监管工作。

第二章　行政许可

一、政策依据

《气象灾害防御条例》(国务院令第570号)、《国务院对确需保留的行政审批项目设定行政许可的决定》(国务院令第412号)、《防雷减灾管理办法(修订)》(中国气象局令第24号)和《雷电防护装置设计审核和竣工验收规定》(中国气象局令第37号)。

二、雷电防护装置设计审核

1. 制定办事指南:制定《新(改、扩)建建设工程防雷装置设计审核服务指南》,明确办理依据、办理范围、办理流程、申请材料、受理条件、审批条件、承诺期限和申请书范本等,并在办公场所公示。(在法律依据变化后,要及时修订)

2. 制定审查工作细则:明确审查环节、审查内容、审查标准、审查要点、注意事项及不当行为需要承担的后果等。

3. 受理:为申请人提供《防雷装置设计审核行政许可申请材料一次性告知清单》(见附录1),对申请人提交的申请材料齐全、符合规定形式的,予以受理,出具《防雷装置设计审核受理回执》(见附录1);材料不齐全或不符合规定形式的,在5个工作日内一次性告知申请人需要补正的全部内容,出具《防雷装置设计审核行政许可资料补正通知》(见附录1);申请人按要求全部补正申请材料的,予以受理,出具《防雷装置设计审核受理回执》。

4. 委托技术评价:受理之日起5个工作日内,委托有关机构进行雷电防护装置设计技术评价。受托的有关机构在10个工作日内完成雷电防护装置设计技术评价,并提交技术评价报告。

5. 决定:根据申请材料和雷电防护装置设计技术评价报告,作出核准决定。对雷电防护装置设计符合要求的,颁发《防雷装置设计核准意见书》;对雷电防护装置设计不符合要求的,颁发《防雷装置设计修改意见书》,申请单位进行设计修改后,按照原程序重新申请设计审核。

6. 事后监管:依据本行政区域的防雷安全管理年度监督检查计划,对本行政区域内雷电防护装置设计审核情况开展定期和不定期检查,并做好监督检查记录,查处违法违规行为。

7. 材料存档:在雷电防护装置设计审核许可后,将建设单位申请材料和《防雷装置技术评价报告》、《防雷装置设计核准意见书》、《防雷装置设计修改意见书》等进行存档。一案一卷,并将案卷装订成册。

附:新疆维吾尔自治区气象局雷电防护装置设计审核办事指南——新(改、扩)建建设工程雷电防护装置设计审核

1)办理时间

项目开工前,审核合格后颁发《防雷装置设计核准意见书》。

2)工作时限

20个工作日内。

3)受理条件

申请人提交的申请材料齐全且符合法定形式。

4)设定依据

(1)《国务院对确需保留的行政审批项目设定行政许可的决定》(国务院令第412号)(2004年)中第378项:防雷装置设计审核和竣工验收。

(2)《国务院关于优化建设工程防雷许可的决定》(国发〔2016〕39号)。

第一部分　整合部分建设工程防雷许可

(一)将气象部门承担的房屋建筑工程和市政基础设施工程防雷装置设计审核、竣工验收许可,整合纳入建筑工程施工图审查、竣工验收备案,统一由住房城乡建设部门监管,切实优化流程、缩短时限、提高效率。

(二)油库、气库、弹药库、化学品仓库、烟花爆竹、石化等易燃易爆建设工程和场所,雷电易发区内的矿区、旅游景点或者投入使用的建(构)筑物、设施等需要单独安装雷电防护装置的场所,以及雷电风险高且没有防雷标准规范、需要进行特殊论证的大型项目,仍由气象部门负责防雷装置设计审核和竣工验收许可。

(三)公路、水路、铁路、民航、水利、电力、核电、通信等专业建设工程防雷管理,由各专业部门负责。

(3)《雷电防护装置设计审核和竣工验收规定》(中国气象局令第37号)(2020年)。

第二条　县级以上地方气象主管机构负责本行政区域职责范围内雷电防护装置的设计审核和竣工验收工作。未设气象主管机构的县(市、区),由上一级气象主管机构负责雷电防护装置的设计审核和竣工验收工作。

第七条　建设单位应当向当地气象主管机构提出雷电防护装置设计审核申请。

申请雷电防护装置设计审核应当提交以下材料:

(一)《雷电防护装置设计审核申请表》;

(二)雷电防护装置设计说明书和设计图纸;

(三)设计中所采用的防雷产品相关说明。

(4)《防雷减灾管理办法(修订)》(中国气象局令第24号)(2013年)。

第十五条　防雷装置的设计实行审核制度。

县级以上地方气象主管机构负责本行政区域内的防雷装置的设计审核。符合要求的,由负责审核的气象主管机构出具核准文件;不符合要求的,负责审核的气象主管机构提出整改要求,退回申请单位修改后重新申请设计审核。未经审核或者未取得核准文件的设计方案,不得交付施工。

(5)《气象灾害防御条例》(国务院令第570号)(2010年)。

第二十三条　各类建(构)筑物、场所和设施安装雷电防护装置应当符合国家有关防雷标准的规定。新建、改建、扩建建(构)筑物、场所和设施的雷电防护装置应当与主体工程同时设计、同时施工、同时投入使用。

新建、改建、扩建建设工程雷电防护装置的设计、施工,可以由取得相应建设、公路、水路、铁路、民航、水利、电力、核电、通信等专业工程设计、施工资质的单位承担。

油库、气库、弹药库、化学品仓库和烟花爆竹、石化等易燃易爆建设工程和场所，雷电易发区内的矿区、旅游景点或者投入使用的建(构)筑物、设施等需要单独安装雷电防护装置的场所，以及雷电风险高且没有防雷标准规范、需要进行特殊论证的大型项目，其雷电防护装置的设计审核和竣工验收由县级以上地方气象主管机构负责。未经设计审核或者设计审核不合格的，不得施工；未经竣工验收或者竣工验收不合格的，不得交付使用。

房屋建筑、市政基础设施、公路、水路、铁路、民航、水利、电力、核电、通信等建设工程的主管部门，负责相应领域内建设工程的防雷管理。

(6)《中华人民共和国气象法》(2000 年)。

第三十一条　各级气象主管机构应当加强对雷电灾害防御工作的组织管理，并会同有关部门指导对可能遭受雷击的建筑物、构筑物和其他设施安装的雷电灾害防护装置的检测工作。

安装的雷电灾害防护装置应当符合国务院气象主管机构规定的使用要求。

5)申请材料

序号	材料名称	数量	备注
1	防雷装置设计审核申请书	1	原件
2	建设单位营业执照、法人身份证、委托书及受委托人身份证	1	复印件
3	设计单位资质证	1	复印件
4	规划平面图	1	复印件/电子版
5	电施设计总说明、低压配电系统图、防雷接地布置、屋面防雷平面图等	1	复印件/电子版
6	设计中所采用的防雷产品资料	1	复印件

三、雷电防护装置竣工验收

1. 制定办事指南：制定《新(改、扩)建建设工程防雷装置竣工验收服务指南》，明确法律依据、办理范围、办理流程、申请材料、受理条件、审批条件、承诺期限和申请书范本等，并在办公场所公示。(在法律依据变化后，要及时修订)

2. 制定审查工作细则：明确审查环节、审查内容、审查标准、审查要点、注意事项及不当行为需要承担的后果等。

3. 受理：为申请人提供《防雷装置设计竣工验收行政许可申请材料一次性告知清单》(见附录 2)，对申请人提交的申请材料齐全、符合规定形式的，在收到全部申请材料之日起 5 个工作日内予以受理，出具《防雷装置竣工验收受理回执》(见附录 2)；材料不齐全或不符合规定形式的，在 5 个工作日内一次性告知申请人需要补正的全部内容，出具《防雷装置竣工验收行政许可申请资料补正告知书》(见附录 2)；申请人按要求全部补正申请材料的，予以受理，出具《防雷装置竣工验收受理回执》(见附录 2)。

4. 委托雷电防护装置检测：受理之日起 5 个工作日内，委托有关机构进行雷电防护装置检测。受托的有关机构在 20 个工作日内完成雷电防护装置检测，并提交检测报告。

5. 决定：根据申请材料和检测报告，对雷电防护装置验收符合要求的，颁发《防雷装置验收意见书》;对雷电防护装置验收不符合要求的,颁发《防雷装置整改意见书》,整改完成后,按照原程序重新申请验收。

6. 事后监管:依据本行政区域的防雷安全管理年度监督检查计划,对本行政区域内雷电防护装置竣工验收情况开展定期和不定期检查,并做好监督检查记录,查处违法违规行为。

7. 材料存档:在雷电防护装置竣工验收后,将建设单位申请材料、《防雷装置检测报告》、《防雷装置验收意见书》、《防雷装置整改意见书》等进行存档。一案一卷,并将案卷装订成册。

附:新疆维吾尔自治区气象局雷电防护装置设计审核竣工验收服务指南——新(改、扩)建建设工程雷电防护装置竣工验收

1)办理时间

项目竣工后、投入使用前,审核合格后颁发《防雷装置验收意见书》。

2)工作时限

20个工作日内。

3)受理条件

(1)雷电防护装置设计取得当地气象主管机构核发的《防雷装置设计核准意见书》;

(2)施工单位和人员取得国家规定的资质和资格(施工单位必须具备防雷专业或该项目相应行业的总承包施工资质,且资质证在有效期内;施工人员必须具备防雷专业施工能力,且资格证在有效期内);

(3)申请单位提交的申请材料齐全且符合法定形式。

4)设定依据

(1)《国务院对确需保留的行政审批项目设定行政许可的决定》(国务院令第412号)(2004年)中第378项:防雷装置设计审核和竣工验收。

(2)《国务院关于优化建设工程防雷许可的决定》(国发〔2016〕39号)。

第一部分　　整合部分建设工程防雷许可

(一)将气象部门承担的房屋建筑工程和市政基础设施工程防雷装置设计审核、竣工验收许可,整合纳入建筑工程施工图审查、竣工验收备案,统一由住房城乡建设部门监管,切实优化流程、缩短时限、提高效率。

(二)油库、气库、弹药库、化学品仓库、烟花爆竹、石化等易燃易爆建设工程和场所,雷电易发区内的矿区、旅游景点或者投入使用的建(构)筑物、设施等需要单独安装雷电防护装置的场所,以及雷电风险高且没有防雷标准规范、需要进行特殊论证的大型项目,仍由气象部门负责防雷装置设计审核和竣工验收许可。

(三)公路、水路、铁路、民航、水利、电力、核电、通信等专业建设工程防雷管理,由各专业部门负责。

(3)《雷电防护装置设计审核和竣工验收规定》(中国气象局令第37号)(2020年)。

第二条　县级以上地方气象主管机构负责本行政区域职责范围内雷电防护装置的设计审核和竣工验收工作。未设气象主管机构的县(市、区),由上一级气象主管机构负责雷电防护装置的设计审核和竣工验收工作。

第十二条　雷电防护装置实行竣工验收制度。建设单位应当向气象主管机构提出申请,并提交以下材料:

(一)《雷电防护装置竣工验收申请表》;

(二)雷电防护装置竣工图纸等技术资料;

(三)防雷产品出厂合格证和安装记录。

(4)《防雷减灾管理办法(修订)》(中国气象局令第24号)(2013年)。

第十七条 防雷装置实行竣工验收制度。

县级以上地方气象主管机构负责本行政区域内的防雷装置的竣工验收。

负责验收的气象主管机构接到申请后,应当根据具有相应资质的防雷装置检测机构出具的检测报告进行核实。符合要求的,由气象主管机构出具验收文件。不符合要求的,负责验收的气象主管机构提出整改要求,申请单位整改后重新申请竣工验收。未取得验收合格文件的防雷装置,不得投入使用。

(5)《气象灾害防御条例》(国务院令第570号)(2010年)。

第二十三条 各类建(构)筑物、场所和设施安装雷电防护装置应当符合国家有关防雷标准的规定。新建、改建、扩建建(构)筑物、场所和设施的雷电防护装置应当与主体工程同时设计、同时施工、同时投入使用。

新建、改建、扩建建设工程雷电防护装置的设计、施工,可以由取得相应建设、公路、水路、铁路、民航、水利、电力、核电、通信等专业工程设计、施工资质的单位承担。

油库、气库、弹药库、化学品仓库和烟花爆竹、石化等易燃易爆建设工程和场所,雷电易发区内的矿区、旅游景点或者投入使用的建(构)筑物、设施等需要单独安装雷电防护装置的场所,以及雷电风险高且没有防雷标准规范、需要进行特殊论证的大型项目,其雷电防护装置的设计审核和竣工验收由县级以上地方气象主管机构负责。未经设计审核或者设计审核不合格的,不得施工;未经竣工验收或者竣工验收不合格的,不得交付使用。

房屋建筑、市政基础设施、公路、水路、铁路、民航、水利、电力、核电、通信等建设工程的主管部门,负责相应领域内建设工程的防雷管理。

(6)《中华人民共和国气象法》(2000年)

第三十一条 各级气象主管机构应当加强对雷电灾害防御工作的组织管理,并会同有关部门指导对可能遭受雷击的建筑物、构筑物和其他设施安装的雷电灾害防护装置的检测工作。

安装的雷电灾害防护装置应当符合国务院气象主管机构规定的使用要求。

5)申请材料

序号	材料名称	数量	备注
1	防雷装置竣工验收申请书	1	原件
2	当地气象主管机构核发的《防雷装置设计核准意见书》	1	见原件,留复印件
3	建设单位营业执照、法定代表人身份证、授权委托书及受委托人身份证	1	复印件
4	施工单位资质证和营业执照	1	复印件
5	施工中采用防雷产品合格证(须盖建设单位或施工单位公章)	1	复印件
6	防雷装置竣工图(电施设计总说明、低压配电系统图、防雷接地布置、屋面防雷平面图等)	1	复印件/电子版

四、雷电防护装置检测资质认定

新疆维吾尔自治区气象局负责全疆除电力、通信之外的检测资质的认定和监督管理。申请检测资质的单位，应当向自治区气象局提出申请（详见附录6《新疆维吾尔自治区气象局实施〈雷电防护装置检测资质管理办法〉细则》）。

第三章　行政检查

一、行政检查流程

1. 制定年度防雷安全监督检查计划：明确检查范围、检查内容、检查方式、检查时间安排等。

2. 现场检查前准备：提前了解受检单位的基本情况；确定和培训执法检查人员；查阅有关法律法规和标准；准备雷电灾害防御安全监督检查任务清单，并逐份加盖检查机关印章；对执法检查任务进行分工；准备必要的装备和资料（包括取证工具、检测测量器具和现场检查笔录、询问笔录、责令限期整改通知书、当场行政处罚决定书等）。

3. 现场检查：现场检查需 2 名以上具备执法资格的人员进行。现场检查人员应主动出示执法证件，说明检查的事项和目的；按照《防雷安全事中事后监管检查表》（见附录 3）逐项进行检查，做好记录；与受检单位有关人员沟通交流，告知其存在的事故隐患或问题，违反的法律法规条款和可能进一步采取的处理措施。

4. 检查情况处置：在检查中，受检单位雷电灾害防御安全生产条件和执行法律法规情况符合要求，不存在安全生产问题或隐患的，或者发现有安全生产问题或隐患轻微，能够当场改正，并在执法人员监督下完成整改的，填写雷电灾害防御安全监督检查任务清单，并在检查结束后归档备案。发现有雷电灾害防御安全生产违法行为或者存在事故隐患的，或者存在其他气象行政执法必须限期达到要求的事项，现场开具《气象行政执法责令整改通知书》（见附录 4），要求该单位在限期届满前改正，并提交《雷电灾害防御安全整改工作清单》（见附录 3）。

5. 整改复查：收到受检单位提交的雷电灾害防御安全整改工作清单和复查申请后，对无须现场复查的，监管人员应核查报送材料，出具《雷电灾害防御安全复查验收表》（见附录 3）；对需要现场复查的，以及受检单位未按期提交雷电灾害防御安全整改工作清单和复查申请的，应于整改限期届满之日起 10 日内，派出监管人员到现场复查。

6. 行政处罚：检查发现事故隐患或违法行为的，违法事实清楚并有法定依据的，根据有关法律法规可适用简易程序当场作出行政处罚决定的，当场作出行政处罚，下达《气象行政执法现场处罚决定书》（见附录 4）。检查发现事故隐患或违法行为的，违法事实须进一步调查取证并核实的，按照行政处罚一般程序规定，予以立案并作进一步处理。对受检单位逾期不整改，或整改不合格的，依法依规予以行政处罚。

7. 材料归档：监督检查后，将检查过程中制作的所有执法文书，包括"四个清单"、询问笔录、责令限期整改通知书等，以及有关书证等相关证据和资料，统一归档保存。

防雷安全行政检查流程见附录 3。

二、行政检查方式

采取“双随机”“飞行检查”“联合”抽查等方式进行。

“双随机”抽查应当制定“双随机”抽查事项清单并及时向社会公布；应当建立防雷安全监管对象分类名录库和执法检查人员名录库，通过摇号等方式“随机”抽取检查对象，“随机”选派执法检查人员。

“飞行检查”指事先不通知被检查部门实施的现场检查。

“联合”抽查是指与当地安监、城管、工商、工信等部门联合执法，及时互通查获的情况。抽查总数不低于监管对象数量的3%。

三、行政检查内容

1.对易燃易爆、矿区、旅游景点等场所

(1)雷电防护装置安装情况：主要查看雷电防护装置设计核准意见书和雷电防护装置验收意见书。

(2)雷电防护装置日常维护情况：主要查看雷电防护装置日常维护制度和日常维护记录。

(3)雷电防护装置检测情况：主要查看雷电防护装置检测报告、雷电防护装置整改记录、复检申请和雷电防护装置检测报告。

(4)雷电灾害报告情况：主要查看雷电灾害报告制度和记录。

2. 对雷电防护装置检测资质单位

(1)资质情况：主要查验资质证、查验法人证书或营业执照。

(2)人员情况：主要查验技术职称证书、身份证明、劳动合同、社会保险关系。

(3)场所情况：主要查验固定办公场所。

(4)质量管理情况：主要查看质量管理手册和执行情况。年度报告制度是否执行。对被检单位检测结果不合格情况是否上报监管机构。

(5)装备情况：主要查看装备及其检定情况。

(6)安全生产情况：主要查看安全生产制度及其实施情况。

(7)检测情况：主要查看检测报告和原始记录。年度检测质量考核情况。原始记录中人员签字情况，是否与申报资质人员相符。

第四章 行政处罚

一、行政处罚的实施主体和管辖范围

根据《气象行政处罚办法(修订)》(中国气象局令第19号)规定,防雷行政处罚一般由违法行为发生地的气象主管机构管辖,下级气象主管机构对其管辖范围内的行政处罚案件实施处罚有困难的,可以报请上级气象主管机构指定管辖。

二、对违规雷电防护装置检测机构的处罚

1. 对"无资质或者超越资质许可范围从事雷电防护装置检测的"处罚

根据《气象灾害防御条例》第四十五条规定:地(州、市)和县(市、区)级气象局应当责令停止违法行为,处5万元以上10万元以下的罚款;有违法所得的,没收违法所得;给他人造成损失的,依法承担赔偿责任。

2. 对"在雷电防护装置检测中弄虚作假的"处罚

根据《气象灾害防御条例》第四十五条规定:地(州、市)和县(市、区)级气象局应当责令停止违法行为,处5万元以上10万元以下的罚款;有违法所得的,没收违法所得;给他人造成损失的,依法承担赔偿责任。

雷电防护装置检测中弄虚作假主要是指未经实地检测,通过编造数据出具检测报告。

3. 对"涂改、伪造、倒卖、出租、出借、挂靠雷电防护装置检测资质证书的"处罚

根据《防雷减灾管理办法(修订)》(中国气象局令第24号)第三十三条规定:县级以上气象主管机构按照权限责令改正,给予警告,可以处5万元以上10万元以下罚款;给他人造成损失的,依法承担赔偿责任;构成犯罪的,依法追究刑事责任。

合同、发票与资质单位不一致的,视为出借、挂靠资质。

三、对违规雷电防护装置使用机构的处罚

1. 对"雷电防护装置设计未经当地气象主管机构审核或者审核未通过,擅自施工的"处罚

根据《雷电防护装置设计审核和竣工验收规定》(中国气象局令第37号)第五章规定:地(州、市)和县(市、区)级气象局按照权限责令改正,给予警告,可以处3万元以下罚款;给他人造成损失的,依法承担赔偿责任;构成犯罪的,依法追究刑事责任。

2. 对"雷电防护装置竣工未经有关气象主管机构验收合格,擅自投入使用的"处罚

根据《雷电防护装置设计审核和竣工验收规定》(中国气象局令第37号)第五章规定:地(州、市)和县(市、区)级气象局按照权限责令改正,给予警告,可以处3万元以下罚款;给他人

造成损失的，依法承担赔偿责任；构成犯罪的，依法追究刑事责任。

3. 对“应当安装雷电防护装置而拒不安装的”处罚

根据《防雷减灾管理办法（修订）》（中国气象局令第 24 号）第三十五条规定：地（州、市）和县（市、区）级气象局按照权限责令改正，给予警告，可以处 1 万元以上 3 万元以下罚款；给他人造成损失的，依法承担赔偿责任；构成犯罪的，依法追究刑事责任。

4. 对“已有雷电防护装置，拒绝进行检测或者经检测不合格又拒不整改的”处罚

根据《防雷减灾管理办法（修订）》（中国气象局令第 24 号）第三十五条规定：地（州、市）和县（市、区）级气象局按照权限责令改正，给予警告，可以处 1 万元以上 3 万元以下罚款；给他人造成损失的，依法承担赔偿责任；构成犯罪的，依法追究刑事责任。

5. 对“使用不符合使用要求的雷电防护装置或者产品的”处罚

根据《防雷减灾管理办法（修订）》（中国气象局令第 24 号）第三十五条规定：地（州、市）和县（市、区）级气象局按照权限责令改正，给予警告，可以处 1 万元以上 3 万元以下罚款；给他人造成损失的，依法承担赔偿责任；构成犯罪的，依法追究刑事责任。

6. 对“重大雷电灾害事故隐瞒不报的”处罚

根据《防雷减灾管理办法（修订）》（中国气象局令第 24 号）第三十五条规定：地（州、市）和县（市、区）级气象局按照权限责令改正，给予警告，可以处 1 万元以上 3 万元以下罚款；给他人造成损失的，依法承担赔偿责任；构成犯罪的，依法追究刑事责任。

地（州、市）和县（市、区）气象局防雷安全行政处罚一般程序流程见附录 3。

备注：如果当事人的陈述和申辩意见与执法人员掌握的违法事实存在矛盾之处且不能当场解决，或者出现执法人员一时无法做出正确判断的情况，就不能适用简易程序查处当事人的违法行为。在这种情况下，执法人员应当适用一般程序查办违法案件，通过调查取证等程序来解决违法事实的认定问题。

第五章　检测机构质量考核

一、考核前准备

1. 机构和人员

受考核方是否具有明确的法律地位，能够对其出具的检测数据、结果负责，并承担相应的法律责任。不具备独立法人资格的检测机构应经所在法人单位授权。检测机构不得使用同时在两个及以上检测机构从业的人员。检测机构应具有与其从事检测活动相适应的检测技术人员和管理人员。

2. 内部管理体系

检测机构应与其人员建立劳动或录用关系，明确技术人员和管理人员的岗位职责、任职要求和工作关系，使其满足岗位要求并具有所需的权力和资源，履行建立、实施、保持和持续改进管理体系的职责。检测机构的技术负责人应具有中级及以上相关专业技术职称或同等能力，全面负责技术运作；质量负责人应确保质量管理体系得到实施和保持；应指定关键管理人员的代理人。检测机构的授权签字人应具有中级及以上相关专业技术职称或同等能力，并经资质认定部门批准。非授权签字人不得签发检测报告或证书。检测机构须分包检测项目时，应分包给依法取得资质认定并有能力完成分包项目的检测机构，具体分包的检测项目应当事先取得委托人书面同意，检测报告或证书应体现分包项目，并予以标注。

二、考核对象

依法取得省（自治区、直辖市）气象局核发的雷电防护装置检测资质，在自治区从事雷电防护装置检测活动的法人或其他组织。

三、考核方式

1.资料检查。按照要求对所抽取的考核项目资料进行核查，必要时考核组应去项目现场对项目资料进行核实。

2.项目验证（现场考核）。采用检测机构自测，考核组现场监督或考核组独立检测两种形式。

四、考核流程

见附录5

五、考核内容

考核组应进行验证以下考核内容并填写现场考核原始记录。

1. 验证检测报告对雷电防护装置及其相关建(构)筑物真实情况的反映程度

检测开始前应调取查阅防雷工程技术资料和图纸,了解并记录受检单位的雷电防护装置的基本情况。检测过程和检测内容应在受检单位现有雷电防护装置的基础上进行。

现场环境及天气等条件是否能保证正常检测;检测原始记录中记载的检测项目与现场是否相符或无对应装置;是否有雷电防护装置平面示意图,图纸与现场是否相符;检测中提出的防雷安全问题与现场是否相符。

2. 考察检测方法的正确程度

检测标准或者技术规范对环境条件有要求或环境条件影响检测结果时,应监测、控制和记录环境条件。当环境条件不利于检测的开展时,应停止检测活动。受考核机构应具备从事检测活动所必需的检测设备和设施。检测机构应建立和保持检测设备和设施管理程序,以确保设备和设施的配置、维护和使用满足检测工作要求。检测机构应对检测结果、抽样结果的准确性或有效性有显著影响的设备,包括用于测量环境条件等辅助测量设备有计划地实施检定或校准。设备在投入使用前,应采用检定或校准等方式,以确认其是否满足检测的要求,并标识其状态。针对校准结果产生的修正信息,检测机构应确保在其检测结果及相关记录中加以利用并备份和更新。检测设备包括硬件和软件应得到保护,以避免出现致使检测结果失效的调整。检测机构的参考标准应满足溯源要求。无法溯源到国家或国际测量标准时,检测机构应保留检测结果相关性或准确性的证据。设备出现故障或者异常时,检测机构应采取相应措施,如停止使用、隔离或加贴停用标签、标记,直至修复并通过检定、校准或核查表明设备能正常工作为止。应核查这些缺陷或超出规定限度对以前检测结果的影响。检测机构应建立、实施和保持与其活动范围相适应的管理体系,应将其政策、制度、计划、程序和指导书制订成文件,管理体系文件应传达至有关人员,并被其获取、理解、执行。

检测考核现场是否有防雷安全检测作业指导书或防雷检测仪器设备操作规程;检测时是否有检测设备出库入库仪器核查;检测现场是否有安全陪护人员;需静电防护场所安全带、安全帽、绝缘电工鞋和绝缘手套等安全防护装备的配备是否使用;检测方法或仪器操作使用是否正确熟练;检测数据需要开展项目验证或仪器比对试验的是否开展;有需要数据测量的是否未进行测量直接填写定性结论;是否有签名不全或代签、位置错误现象;是否有仪器编号、检测日期错填或未填情况;有资料各表单中基本信息、资料各表单中页码、资料各表单中修改是否进行正确标识。

3. 检查检测报告所载检测项目的完整性

检测方案中检测项目是否不完整(委托方造成的原因除外)或有明显错误;是否缺检测合同,或检测合同有明显错误;检测报告格式是否规范,内容是否完整;原始记录表是否缺失;是否有雷电防护装置平面示意图;检测报告编制、审核、批准制度是否执行。

4. 检查检测所依据标准的适用性

检测方法包括标准方法、非标准方法(含自制方法)。应优先使用标准方法,并确保使用标准的有效版本。在使用标准方法前,应进行证实。在使用非标准方法(含自制方法)前,应进行确认。检测机构应跟踪方法的变化，并重新进行证实或确认。检测机构应制定作业指导书。如确需方法偏离，应有文件规定，经技术判断和批准，并征得受考核方同意。当受考核方建议的方法不适合或已过期时，应通知受考核方。

引用标准是否有错误；被检测对象防雷分类和防雷等级判定是否正确；是否有引用标准不全或引用过时标准的情况。

5．核实检测数据的准确性

符合要求的防雷安全检测质量管理手册或相应安全检测质量管理流程是否执行；是否使用超检或未检的检测仪器设备；是否有未按检测需要使用对应设备用不能体现其数据科学性、准确性设备替代检测的情况；检测数据与检测意见是否对应；检测数据是否按照检测作业指导书或防雷检测仪器设备操作规程取值；检测数据的单位与标准中规定的单位是否一致。

6．检查检测报告与原始记录的一致性

检测机构应当对检测原始记录、报告或证书归档留存，保证其具有可追溯性。检测原始记录、报告或证书的保存期限不少于 6 年。

检测报告内容与原始记录表是否对应；原始记录表中数据与检测报告数据是否对应；原始记录表中所记录的雷电防护装置与雷电防护装置平面示意图是否对应；原始记录表中各要素之间是否对应；原始记录表中检测过程相关人员签名是否对应；原始记录表中是否有受检单位安全人员确认签字；检测单位与所盖公章是否一致；检查检测报告综合结论的正确性和改进建议的合理性。

检测机构应建立和保持出现不符合工作的处理程序，明确对不符合的评价、决定不符合是否可接受、纠正不符合、批准恢复被停止的工作的责任和权力。必要时，通知受考核方并取消工作。该程序包含检测前、中、后全过程。检测机构应准确、清晰、明确、客观地出具检测结果，并符合检测方法的规定。

7．检测报告（含项目验证或仪器比对试验报告）综合结论是否能全面、客观反映检测结果

检测机构应在识别出不符合时，采取纠正措施的程序；当发现潜在不符合时，应采取预防措施。检测机构应通过实施质量方针、质量目标，应用审核结果、数据分析、纠正措施、预防措施、管理评审来持续改进管理体系的适宜性、充分性和有效性。当需要对报告或证书做出意见和解释时，检测机构应将意见和解释的依据形成文件。意见和解释应在检测报告或证书中清晰标注。当检测报告或证书包含了由分包方出具的检测结果时，这些结果应予以清晰标明。

提出的问题与现场是否相符；整改建议是否符合相关规范标准规定，是否有可操作性。

六、考核人员职责

1．考核组长受监管机构的委托，全面负责各个阶段的考核工作，有权对考核工作的开展和考核中观察到的问题作出最终决定，其主要职责是：

根据任务需要，协助推荐考核组的其他成员（考核员或其他技术专家）；组织完成资料考核、考核准备工作及现场考核；组织编写和提交考核报告；考核期间负责监管机构与受考核方之间的信息反馈；负责考核组工作期间的日常管理和各方面协调工作。

2．考核员在考核组的领导下，协助考核组长开展考核工作，其职责是：

编制现场考核表；记录现场考核中的观察结果；收集和保管与考核相关的文书；接受考核

组长的领导，配合并支持考核组长完成各项工作任务。

七、考核人员行为要求

不准向受考核方引导或提出任何额外要求；不准在考核工作期间饮酒、吸烟；不准与受考核方发生争执，态度不得居高临下、主观、粗暴；不向受考核方索要任何形式的礼品、礼金以及报销与考核无关票据；不准参加受考核方组织的旅游、观光活动；不准在住所使用受考核方付费方式上网以及使用通信设施处理与本次考核工作无关的事宜。

维护考核组的声誉，不发表对监管机构、咨询方、考核组、考核员的不好言论；遵守监管机构各项工作要求和工作安排；在考核工作中坚持原则，尊重客观证据，不带偏见，能坚持正确意见，不受外来干扰，忠于考核的目的；团结协作，履行好考核期间承担的相应职责，组长应倾听组员汇报，组员应听从组长安排和决定；保持公正、客观的行为，不介入利益冲突，不对受考核方进行咨询；积极参加、接受监管机构举办的培训；遵守监管机构的保密规定，在没有得到受考核方书面允许的情况下，不得向第三方泄露。

为受考核方保守所有接触到的企业信息；为监管机构保守所有商务、管理、技术等方面的信息；参与对受考核方的咨询或专一培训后，不得参与其相关的考核工作；参加考核工作后，不得参与对同一受考核方的考核决定工作。

八、考核注意事项

1. 现场考核前，考核组长必须确认最高管理者在场，考核组长应做好考核前准备和布置工作，组织考核组做好组内的专业培训工作，并做好记录。

2. 考核组长应组织好考核前、考核期间的考核组内部会议，并做好记录。

3. 考核组长应熟悉相关考核要求，并将相关信息传达给考核组成员，保持考核组内考核过程的一致性。

4. 考核组长应对考核过程、组员编制的考核报告和形成的记录进行把关，控制重点如下：

覆盖考核计划的条款；本次考核项目的特点；完全覆盖考核的检测项目和活动过程；满足标准要求；如现场考核中发生考核内容的任何变化，应在考核原始记录单、考核报告中进行描述和说明；如遇到重大的变更须与监管机构进行沟通；须对不符合项进行把关(数量及分布、事实描述、性质、判定、保持考核组描述风格、表达方式的一致性)。

5. 考核组长应做好与受考核方与考核组内部的沟通；控制好考核组在现场考核期间的考核进度，组织好现场考核，监督并保证考核组组员实施有效的现场考核，保证考核时效性；充分调动、听取、综合考核组员对受考核方进行的评价，并最终做好综合评价工作；对考核报告有效把关，向受考核方进行正确讲解填写要求，保持与最终考核确定的考核范围相一致，要求受考核方对原始记录和考核报告签字盖章；对考核组中使用的技术专家，其签名不应出现在考核原始记录和考核报告中。

考核组长应在首/末次会议上明确考核范围和考核内容，重点讲述不符合项纠正措施的要求，强调不按期进行考核对检测资质证书进行处理的情况。

考核现场允许非提示性整改一次。考核结束后整改结果本次考核不予采纳。

6. 资料整理自查、提交

考核组长对提交的全部考核资料进行把关,并对全部考核资料的质量负全责;全部考核资料的提交应在监管机构技术委员会召开会议前两天;考核组长报送的考核资料如发现有问题,监管机构将以书面方式通知考核组长,考核组长应在接到通知后及时进行改正。考核资料及考核过程中出现的问题得到有效整改后,监管机构技术委员会才会接受审议。

第六章　其　他

一、全国防雷减灾综合管理服务平台的使用

防雷安全监管应与全国防雷减灾综合管理服务平台结合，所有监管检查、执法、考核等工作应实时在监管平台上录入并公示。

二、防雷安全社会监督工作的措施

地（州、市）和县（市、区）气象局应当设立举报电话、举报信箱等社会监督举报渠道，并通过气象局官方网站等形式向社会公开，受理有关防雷安全的举报，发挥社会监督作用。

三、防雷安全监管的法律责任

地（州、市）和县（市、区）气象局工作人员有下列行为之一的，给予降级或者撤职的处分；构成犯罪的，依照刑法有关规定追究刑事责任：

对不符合雷电防护装置设计审核、竣工验收条件的予以审核、验收通过的；发现防雷违法行为或者接到举报后不依法予以处理的；在防雷监督检查中发现重大事故隐患，不依法及时处理的；其他滥用职权、玩忽职守、徇私舞弊等行为，导致重大雷电灾害事故的。

四、组织开展雷电防护装置安全性能检测的工作要点

发布雷电防护装置安全性能检测通告：地（州、市）和县（市、区）气象局每年 2 月底前拟定雷电防护装置安全性能检测通告，明确雷电防护装置产权单位应当主动委托有相应资质的雷电防护装置检测机构进行定期检测，并接受当地气象局和当地人民政府安全生产管理部门的管理和监督检查；明确拒绝雷电防护装置安全检测或经检测不合格又拒不整改的法律责任。

对雷电防护装置产权单位拒绝进行检测或者经检测不合格又拒不整改的，地（州、市）和县（市、区）气象局依法进行行政处罚，并将有关情况及时通报给相关行业管理部门。地（州、市）和县（市、区）气象局定期监督检查本行政区域内易燃易爆场所、矿区、旅游景点等检测情况，向本级政府报告。地（州、市）和县（市、区）气象局对本行政区域内易燃易爆场所、矿区、旅游景点等定期检测情况进行通报，并抄送本级安委会。

附录1　新疆维吾尔自治区气象局防雷装置设计审核行政许可文书

案卷目录

附录 1-1

防雷装置设计审核行政许可申请材料一次性告知清单

项目编号：（　　）雷审字〔　　〕第　　号

序号	材料名称	数量	备注
1	防雷装置设计审核申请书	1	原件
2	建设单位营业执照、法人身份证、委托书及受委托人身份证	1	复印件
3	设计单位资质证	1	复印件
4	规划平面图	1	复印件/电子版
5	电施设计总说明、低压配电系统图、防雷接地布置、屋面防雷平面图等	1	复印件/电子版
6	设计中所采用的防雷产品资料	1	复印件
行政许可申请人	以上材料由本人（单位）提供，并对其申请材料实质内容的真实性负责。 申请人签名：（公章）　　委托代理人签名：（公章） 年　月　日　　年　月　日		

附录 1-2

防雷装置设计审核行政许可资料补正通知

项目编号:(　　)雷审字〔　　〕第　　号

(申请单位名称):

经审查,你(单位)于　　年　　月　　日提交的申请材料(不齐全或不符合法定形式),应作如下补正:

(需要补正的具体内容,逐一列举)

请你(单位)于　　年　　月　　日前将上述材料补正后送交本机关,逾期未补正的,视为放弃申请。

联系人:　　　　　　　　　　联系电话:

(机关印章)

年　　月　　日

本通知书已于　　年　　月　　日收到。

接收人签字(印章):

(本凭证一式两联,第一联存卷备查,第二联送申请人。)

附录 1-3

防雷装置设计审核行政许可案卷目录

序号	许可文书编号	日期	标题	页号	备考
1			行政许可受理通知书		
2			受理回执		
3			行政许可申请材料清单		
4			防雷装置设计审核申请书		
5			建设单位营业执照复印件		
6			受委托人身份证复印件、委托书、委托人身份证复印件		
7			设计单位资质证复印件		
8			红线图复印件		
9			防雷产品资料		
10			雷电灾害风险评估报告(需提供的)		
11			防雷装置设计技术评价报告		
12			准予行政许可审批表		
13			准予行政许可决定书		
14			送达回执		
15			防雷装置设计核准意见书复印件		
16			送达回执		
17			服务质量客户反馈表		

附录 1-4

新疆维吾尔自治区气象局行政许可受理通知书

（申请单位名称）：

本机关于________年____月____日收到你（单位）提出的____________________________防雷装置设计审核申请书及行政许可申请相关材料。

经审查，你（单位）提交的行政许可申请书及上述材料齐全，符合法定形式，现予受理。

特此通知。

联系人：　　　　　　　　联系电话：

（公章）

年　　月　　日

附录 1-5

新疆维吾尔自治区气象局防雷装置设计审核受理回执

项目受理号：

申请单位：

组织机构代码：　　　　　　　　　经手人：

申请事项：

收件日期：　　　　　　　　　　　办结期限：

注意事项：

1.本回执为收取资料及领取办理结果的凭证，为了能够顺利地办理有关手续，请务必妥善保管本回执。

2.如申请事项需要修改、补充资料，或经现场勘验后需要进行整改等，办结期限另行通知。

3.凭项目受理号或组织机构代码，在办事窗口或互联网上方便地查询到相关信息。

4.如申请事项已经办结，请您携带本人身份证件和受理回执到办事窗口领取结果。

受理机构(公章)：　　　　　　　　受理日期：　　　　年　　月　　日

经 办 人：　　　　　　　　　　　查询电话：

查询网址：　　　　　　　　　　　投诉电话：

附录 1-6

新疆维吾尔自治区气象局准予行政许可决定审批表

<table>
<tr><td>行政许可
申请项目</td><td colspan="2"></td><td>行政许可
受理时间</td><td></td></tr>
<tr><td rowspan="3">申请人</td><td>姓名/名称</td><td></td><td>法定代表人
身份证号码</td><td></td></tr>
<tr><td>工作单位</td><td></td><td>电 话</td><td></td></tr>
<tr><td>地 址</td><td></td><td>邮 编</td><td></td></tr>
<tr><td>行政许可
事项审查
情况</td><td colspan="4">经审核，该项目防雷装置施工图纸设计符合现行国家防雷技术规范要求和《中华人民共和国气象法》、《防雷装置设计审核和竣工验收规定》等相关法律法规要求，准予办理行政许可手续。（以下空白）</td></tr>
<tr><td>承办人意见</td><td colspan="4">年 月 日</td></tr>
<tr><td>承办机构
审核意见</td><td colspan="4">年 月 日</td></tr>
<tr><td>行政机关
负责人
审批意见</td><td colspan="4">年 月 日</td></tr>
</table>

附录 1-7

新疆维吾尔自治区气象局准予行政许可决定书

(申请单位名称)：______________

你(单位)于______年______月______日向本机关提出______________项目的防雷装置设计审核行政许可申请。

经审查，你单位申报的______________项目防雷装置施工图纸设计资料符合国家现行《建筑物防雷设计规范》(GB 50057—2010)和《中华人民共和国气象法》、《防雷装置设计审核和竣工验收规定》等相关法律法规要求，准予办理防雷设计审核行政许可手续。

依照《中华人民共和国行政许可法》第三十八条第一款、《防雷减灾管理办法》第十五条规定，决定准予你(单位)取得防雷装置设计核准意见书，有效期为长期有效。

请你单位于______年______月______日持本决定，到新疆维吾尔自治区气象局办理(领取)行政许可证件。

(公章)

年　　月　　日

附录 1-8

新疆维吾尔自治区气象局送达回证

单位：（公章）

案　由	行政许可
送达文书名称、文号	编号：
受 送 达 人	
送 达 地 点	
受送达人（签字）	
代收人	
送 达 日 期	年　　月　　日
送 达 方 式	直接送达
送达人（签字）	两人签名： 年　　月　　日
备　　注	

附录 1-9

新疆维吾尔自治区气象局行政许可结案报告

单位:(公章)

<table>
<tr><td rowspan="3">申请人
(被许可人)</td><td>名称/姓名</td><td></td><td>法定代表人/
身份证号码</td><td></td></tr>
<tr><td>工作单位</td><td></td><td>电话</td><td></td></tr>
<tr><td>地址</td><td></td><td>邮编</td><td></td></tr>
<tr><td>行政许可事项</td><td colspan="4">防雷装置设计审核</td></tr>
<tr><td>办理内容</td><td colspan="4">◇初次申请　◇延续　◇变更　◇撤回　◇撤销　◇注销</td></tr>
<tr><td>行政许可
文书文号</td><td colspan="2"></td><td>发文日期</td><td>年　月　日</td></tr>
<tr><td>审查情况、理由
及决定内容</td><td colspan="4">经审查,该项目防雷装置施工图纸设计符合现行国家防雷技术规范要求,准予办理防雷施工手续。</td></tr>
<tr><td>结案方式</td><td colspan="4">◇依程序办结　◇复议结案　◇诉讼结案</td></tr>
<tr><td>执行情况</td><td colspan="4"></td></tr>
</table>

填表人:　　　　　　　　　　　　　　　　年　　月　　日

附录 1-10

服务质量客户反馈表

<table>
<tr><td>被回访
单位</td><td></td><td>回访
人员</td><td></td><td>回访
日期</td><td></td><td>回访
形式</td><td>电话回访□
现场回访□</td></tr>
<tr><td colspan="8">1. 随意增设防雷行政许可附加条件　□有　□无
2. 刁难服务对象　□有　□无
3. 推销防雷产品　□有　□无
4. 指定防雷工程企业　□有　□无
5. 索贿、受贿，吃拿卡要　□有　□无
6. 以主管机构名义私人承揽防雷工程　□有　□无
7. 服务态度恶劣，材料不齐全未能一次性告知　□有　□无
8. 有无超时办理　□有　□无</td></tr>
<tr><td>服务对象</td><td colspan="3"></td><td>备注说明</td><td colspan="3"></td></tr>
</table>

附录 2　新疆维吾尔自治区气象局防雷装置竣工验收行政许可文书

案卷目录

附录 2-1　防雷装置竣工验收行政许可申请材料一次性告知清单
附录 2-2　防雷装置竣工验收行政许可申请资料补正告知书
附录 2-3　防雷装置竣工验收行政许可案卷目录
附录 2-4　新疆维吾尔自治区气象局行政许可受理通知书
附录 2-5　新疆维吾尔自治区气象局防雷装置竣工验收受理回执
附录 2-6　新疆维吾尔自治区气象局准予行政许可决定审批表
附录 2-7　新疆维吾尔自治区气象局准予行政许可决定书
附录 2-8　新疆维吾尔自治区气象局送达回证
附录 2-9　新疆维吾尔自治区气象局行政许可结案报告
附录 2-10　服务质量客户反馈表

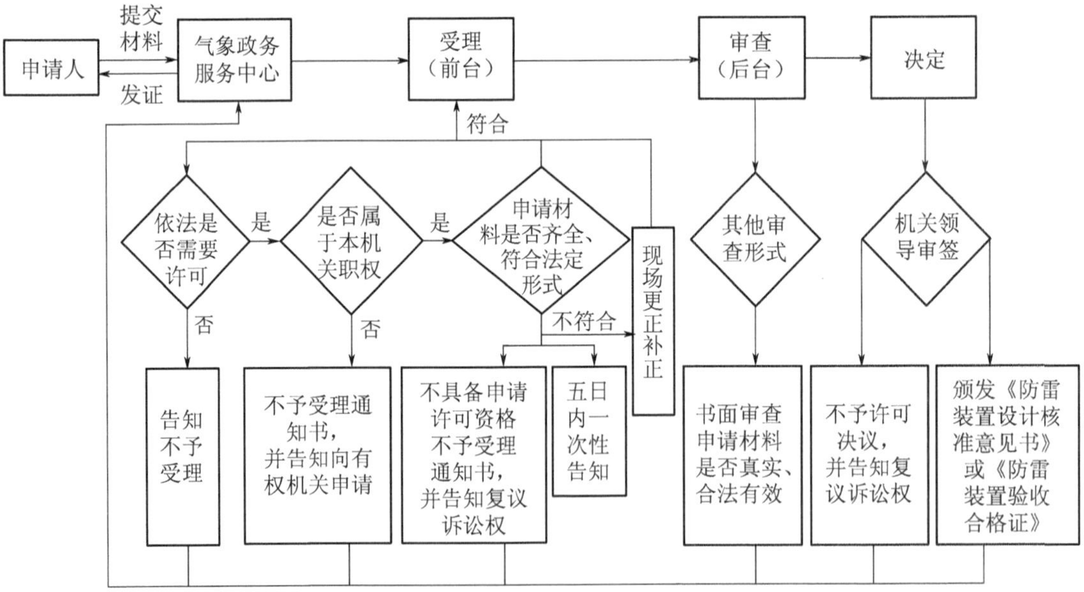

权限内防雷装置设计审核和竣工验收审批流程图

附录 2-1

防雷装置竣工验收行政许可申请材料一次性告知清单

新雷许验清〔　　〕　　　号

序号	材料名称	数量	备注
1	防雷装置竣工验收申请书	1	原件
2	当地气象主管机构核发的《防雷装置设计核准意见书》	1	见原件留复印件
3	建设单位营业执照、法定代表人身份证、授权委托书及受委托人身份证	1	复印件
4	施工单位资质证和营业执照	1	复印件
5	施工中采用防雷产品合格证(需盖建设单位或施工单位公章)	1	复印件
6	防雷装置竣工图(电施设计总说明、低压配电系统图、防雷接地布置、屋面防雷平面图等)	1	复印件/电子版
行政许可申请人	以上材料由本人(单位)提供,并对其申请材料实质内容的真实性负责。 申请人签名:(公章)　　　委托代理人签名:(公章) 年　月　日　　　　　年　月　日		

附录 2-2

防雷装置竣工验收行政许可申请资料补正告知书

新许验补告〔　　〕＿＿＿号

（申请单位名称）：……………………………………

经审查，你（单位）于……年……月……日提交的申请材料（不齐全或不符合法定形式），应作如下补正：

（需要补正的具体内容，逐一列举）

请你（单位）于＿＿年＿＿月＿＿日前将上述材料补正后送交本机关，逾期未补正的，视为放弃申请。

联系人：　　　　　联系电话：

（机关印章）

年　　月　　日

本通知书已于＿＿年＿＿月＿＿日收到。

接收人签字（印章）：

（本凭证一式两联，第一联存卷备查，第二联送申请人。）

附录 2-3

防雷装置竣工验收行政许可案卷目录

序号	文字材料原编字号	日期	标题	页号	备考
1			行政许可受理通知书		
2			受理回执		
3			行政许可申请材料清单		
4			防雷装置竣工验收申请书		
5			防雷装置设计核准意见书复印件		
6			建设单位营业执照、法人身份证、受委托人身份证复印件及委托书		
7			施工单位营业执照、资质证复印件		
8			施工人员资格证复印件		
9			防雷装置竣工图纸		
10			防雷产品合格证等相关资料		
11			防雷装置检测报告		
12			准予行政许可决定审批表		
13			准予行政许可决定书		
14			送达回执		
15			防雷装置验收意见书复印件		
16			送达回执		
17			行政许可结案报告		
18			服务质量客户反馈表		

附录 2-4

新疆维吾尔自治区气象局行政许可受理通知书

（申请单位名称）：

______年______月______日，本机关收到你（单位）提出的（　　　　　　　）项目防雷装置竣工验收申请书及行政许可申请相关材料。

经审查，你（单位）提交的行政许可申请书及上述材料齐全，符合法定形式，现予受理。

特此通知。

联系人：　　　　　　联系电话：

（公章）

年　　月　　日

附录 2-5

新疆维吾尔自治区气象局防雷装置竣工验收受理回执

项目受理号：

申请单位：

组织机构代码：

经 手 人：

申请事项：

收件日期：

办结期限：

注意事项：

1. 本回执为收取资料及领取办理结果的凭证，为了能够顺利地办理有关手续，请务必妥善保管本回执。

2. 如申请事项需要修改、补充资料，或经现场勘验后需要进行整改等，办结期限另行通知。

3. 凭项目受理号或组织机构代码，在办事窗口或互联网上方便地查询到相关信息。

4. 如申请事项已经办结，请您携带本人身份证件和受理回执到办事窗口领取结果。

受理机构(公章)：　　　　　　　　受理日期：　　年　　月　　日

经 办 人：　　　　　　　　　　　查询电话：

查询网址：　　　　　　　　　　　投诉电话：

附录 2-6

新疆维吾尔自治区气象局准予行政许可决定审批表

<table>
<tr><td>行政许可
申请项目</td><td colspan="2"></td><td>行政许可
受理时间</td><td></td></tr>
<tr><td rowspan="3">申
请
人</td><td>姓名/名称</td><td></td><td>法人/身份证号码</td><td></td></tr>
<tr><td>工作单位</td><td></td><td>电　　话</td><td></td></tr>
<tr><td>地　　址</td><td></td><td>邮　　编</td><td></td></tr>
<tr><td>行政许可
事项审查
情况</td><td colspan="4">经审核，该项目防雷装置竣工验收符合现行国家防雷技术验收规范标准和《中华人民共和国气象法》、《防雷减灾管理办法》、《防雷装置设计审核和竣工验收规定》等相关法律法规要求，准予防雷装置竣工验收行政许可。（以下空白）</td></tr>
<tr><td>承办人
意 见</td><td colspan="4">年　　月　　日</td></tr>
<tr><td>承办机构
审核意见</td><td colspan="4">年　　月　　日</td></tr>
<tr><td>行政机关
负责人
审批意见</td><td colspan="4">年　　月　　日</td></tr>
</table>

附录 2-7

新疆维吾尔自治区气象局准予行政许可决定书

（申请单位名称）：…………

你(单位)于……年……月……日向本机关提出…………项目防雷装置竣工验收行政许可申请。

经审查，你单位申报的…………项目防雷装置竣工验收申请资料符合国家现行《建筑物防雷设计规范》(GB 50057—2010)和《中华人民共和国气象法》、《防雷减灾管理办法》、《防雷装置设计审核和竣工验收规定》等相关法律法规要求，准予防雷装置竣工验收行政许可。

依照《中华人民共和国行政许可法》第三十八条第一款、《防雷减灾管理办法》第十七条规定，决定准予你单位取得防雷装置验收意见书，有效期自……年……月……日至……年……月……日。

请你单位于……年……月……日持本决定，到新疆维吾尔自治区气象局办理行政许可手续。

（公章）

年　　月　　日

附录 2-8

新疆维吾尔自治区气象局送达回证

单位：（公章）

案　由	行政许可
送达文书名称、文号	
受 送 达 人	
送 达 地 点	
受送达人（签字）	
代　收　人	
送 达 日 期	年　月　日
送 达 方 式	直接送达
送达人（签字）	两人签名： 年　月　日
备　注	

附录 2-9

新疆维吾尔自治区气象局行政许可结案报告

单位:(公章)

<table>
<tr><td rowspan="3">申请人
(被许可人)</td><td>名称/姓名</td><td></td><td>法定代表人
身份证号码</td><td></td></tr>
<tr><td>工作单位</td><td></td><td>电　话</td><td></td></tr>
<tr><td>地址</td><td></td><td>邮　编</td><td></td></tr>
<tr><td>行政许可事项</td><td colspan="4">防雷装置竣工验收</td></tr>
<tr><td>办理内容</td><td colspan="4">◇初次申请　◇延续　◇变更　◇撤回　◇撤销　◇注销</td></tr>
<tr><td>行政许可
文书文号</td><td colspan="2"></td><td>发文日期</td><td>年　月　日</td></tr>
<tr><td>审查情况、理由
及决定内容</td><td colspan="4">经审查,该项目防雷装置竣工验收,符合国家现行防雷技术规范标准和相关法律、法规要求,准予核发防雷装置验收意见书。</td></tr>
<tr><td>结案方式</td><td colspan="4">◇依程序办结　◇复议结案　◇诉讼结案</td></tr>
<tr><td>执行情况</td><td colspan="4"></td></tr>
</table>

填表人:　　　　　　　　　　　　　　　　　　　　年　　月　　日

附录 2-10

服务质量客户反馈表

<table>
<tr><td>被回访
单位</td><td></td><td>回访
人员</td><td></td><td>回访
日期</td><td></td><td>回访
形式</td><td>电话回访□
现场回访□</td></tr>
<tr><td colspan="8">1. 随意增设防雷行政许可附加条件 □ 有 □ 无
2. 刁难服务对象 □ 有 □ 无
3. 推销防雷产品 □ 有 □ 无
4. 指定防雷工程企业 □ 有 □ 无
5. 索贿、受贿，吃拿卡要 □ 有 □ 无
6. 以主管机构名义私人承揽防雷工程 □ 有 □ 无
7. 服务态度恶劣，材料不齐全未能一次性告知 □ 有 □ 无
8. 有无超时办理 □ 有 □ 无</td></tr>
<tr><td>服务对象</td><td colspan="3"></td><td>备注说明</td><td colspan="3"></td></tr>
</table>

附录3 新疆维吾尔自治区防雷安全监管行政检查文书

附录3-1

防雷安全事中事后监管检查表

（防雷装置使用单位）

检查单位（盖章） 检查日期： 年 月 日

检查类别	检查内容	检查结果	检查说明	检查形式
（一）雷电防护装置建设情况	1.新建、改建、扩建项目的雷电防护装置，是否及时申报设计审核、竣工验收？	是□ 否□		现场检查资料核实
	2.新建、改建、扩建项目的雷电防护装置，是否与主体工程同时设计、同时施工、同时投入使用？	是□ 否□		
	3.是否隐瞒有关情况、提供虚假材料申请雷电防护装置设计审核、竣工验收？	是□ 否□		
	4.是否以欺骗、贿赂等不正当手段通过雷电防护装置设计审核、竣工验收？	是□ 否□		
	5.是否向监督检查机构隐瞒有关情况、提供虚假材料或者拒绝提供反映其活动情况的真实材料？	是□ 否□		
（二）防雷安全管理制度建设情况	1.是否成立防雷安全管理的工作机构，明确防雷安全管理职责？	是□ 否□		
	2.是否建立防雷安全责任制，签订安全责任书？	是□ 否□		
	3.是否制定防雷安全制度或安全操作规程，并严格执行落实？	是□ 否□		
	4.是否制定雷电灾害应急预案，并定期组织应急演练？	是□ 否□		

续表

<table>
<tr><td>检查类别</td><td colspan="2">检查内容</td><td>检查结果</td><td>检查说明</td><td>检查形式</td></tr>
<tr><td rowspan="4">（二）
防雷安全管理制度建设情况</td><td colspan="2">5.是否建立有效雷电灾害预警信息接收和响应机制？</td><td>是□　否□</td><td></td><td rowspan="4">现场检查
资料核实</td></tr>
<tr><td colspan="2">6.是否汇编、整理、保存现行防雷安全相关法律法规及技术标准？</td><td>是□　否□</td><td></td></tr>
<tr><td colspan="2">7.是否组织开展防雷安全教育培训？</td><td>是□　否□</td><td></td></tr>
<tr><td colspan="2">8.是否建立健全完整、规范的防雷安全档案管理？</td><td>是□　否□</td><td></td></tr>
<tr><td rowspan="7">（三）
防雷安全制度执行情况</td><td colspan="2">1.雷电防护装置是否定期维护？</td><td>是□　否□</td><td></td><td rowspan="7">现场检查
资料核实</td></tr>
<tr><td colspan="2">2.是否有日常维护和防雷安全隐患排查记录？</td><td>是□　否□</td><td></td></tr>
<tr><td colspan="2">3.是否委托有相应检测资质的单位开展雷电防护装置检测？</td><td>是□　否□</td><td></td></tr>
<tr><td colspan="2">4.雷电防护装置检测周期是否符合规定要求？</td><td>是□　否□</td><td></td></tr>
<tr><td colspan="2">5.检测数据是否符合防雷安全相关技术标准？</td><td>是□　否□</td><td></td></tr>
<tr><td colspan="2">6.不符合标准规范或存在安全隐患时，是否及时采取措施进行整改？</td><td>是□　否□</td><td></td></tr>
<tr><td colspan="2">7.防护装置是否设置安全检测标志？</td><td>是□　否□</td><td></td></tr>
<tr><td>整改意见</td><td colspan="5"></td></tr>
<tr><td>被检单位名称</td><td colspan="2"></td><td colspan="3">法定代表人</td></tr>
<tr><td rowspan="2">被检单位</td><td>项目名称</td><td></td><td>安全负责人</td><td colspan="2"></td></tr>
<tr><td>项目地址</td><td></td><td>联系电话</td><td colspan="2"></td></tr>
<tr><td>被检单位总部地址</td><td colspan="2"></td><td>联系电话</td><td colspan="2"></td></tr>
<tr><td>被检单位签字（盖章）</td><td colspan="5"></td></tr>
<tr><td>检查人员签字</td><td colspan="5"></td></tr>
</table>

填报说明：1.将检查结果在方框内打钩；

2.检查说明可另附文字。

附录 3-2

雷电灾害防御安全整改工作清单

项目名称：　　　　　　　　　　　　　　　　检查单位：

检查类别	检查内容	是否存在隐患	可立即整改的隐患		限期整改的隐患		
			整改情况	责任人	整改措施	整改时限	整改落实情况
(一)雷电防护装置建设情况	1.新建、改建、扩建项目的雷电防护装置，是否及时申报设计审核、竣工验收？	是□ 否□					
	2.新建、改建、扩建项目的雷电防护装置，是否与主体工程同时设计、同时施工、同时投入使用？	是□ 否□					
	3.是否隐瞒有关情况、提供虚假材料申请雷电防护装置设计审核、竣工验收？	是□ 否□					
	4.是否以欺骗、贿赂等不正当手段通过雷电防护装置设计审核、竣工验收？	是□ 否□					
	5.是否向监督检查机构隐瞒有关情况、提供虚假材料或者拒绝提供反映其活动情况的真实材料？	是□ 否□					
(二)防雷安全管理制度建设情况	1.是否成立防雷安全管理的工作机构，明确防雷安全管理职责？	是□ 否□					
	2.是否建立防雷安全责任制，签订安全责任书？	是□ 否□					
	3.是否制定防雷安全制度或安全操作规程，并严格执行落实？	是□ 否□					

续表

检查类别	检查内容	是否存在隐患	可立即整改的隐患		限期整改的隐患		
			整改情况	责任人	整改措施	整改时限	整改落实情况
（二）防雷安全管理制度建设情况	4.是否制定雷电灾害应急预案，并定期组织应急演练？	是□ 否□					
	5.是否建立有效雷电灾害预警信息接收和响应机制？	是□ 否□					
	6.是否汇编、整理、保存现行防雷安全相关法律法规及技术标准？	是□ 否□					
	7.是否组织开展防雷安全教育培训？	是□ 否□					
	8.是否建立健全完整、规范的防雷安全档案管理？	是□ 否□					
（三）防雷安全制度执行情况	1.雷电防护装置是否定期维护？	是□ 否□					
	2.是否有日常维护和防雷安全隐患排查记录？	是□ 否□					
	3.是否委托有相应检测资质的单位开展雷电防护装置检测？	是□ 否□					
	4.雷电防护装置检测周期是否符合规定要求？	是□ 否□					
	5.检测数据是否符合防雷安全相关技术标准？	是□ 否□					
	6.不符合标准规范或存在安全隐患时，是否及时采取措施进行整改？	是□ 否□					
	7.防护装置是否设置安全检测标志？	是□ 否□					

附录 3-3

雷电灾害防御安全复查验收表

被检查单位		限期完成时间	年　月　日
整改内容及要求			
整改事项完成情况	……年……月……日，我单位组织了复查验收，认为公司在此次雷电灾害防御安全隐患整改问题上，态度端正，措施及时有力，已完成整改。 附：《雷电灾害防御安全整改工作清单》		
实际完成时间	年　月　日	复查验收时间	年　月　日
复查验收单位			

附录 3-4

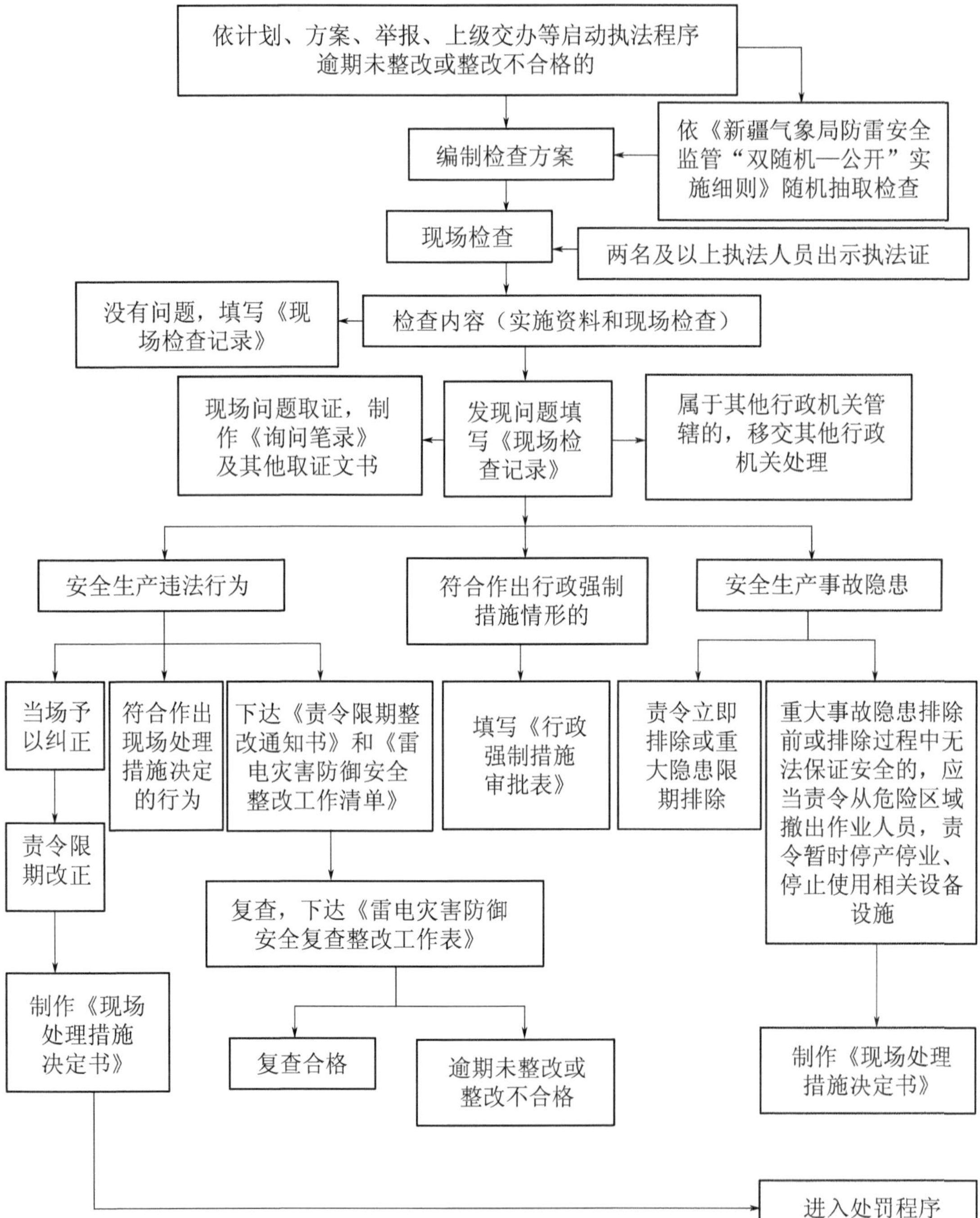

防雷安全行政检查流程

附录 3-5

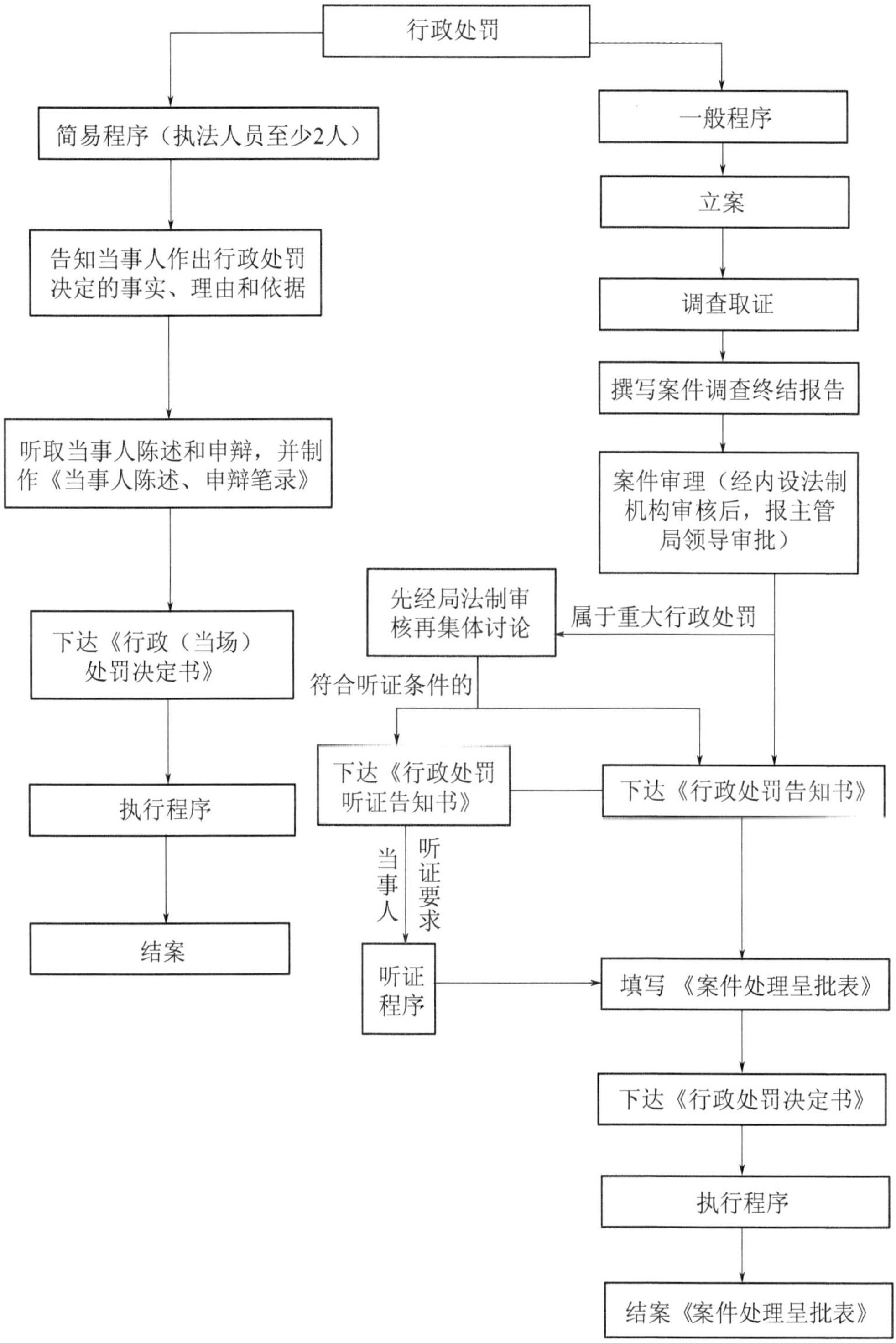

防雷安全行政处罚一般程序流程

附录 4　新疆维吾尔自治区气象行政执法文书

案卷目录

附录 4-1　气象行政执法案卷
附录 4-2　卷内目录
附录 4-3　气象行政执法立案审批表
附录 4-4　气象行政执法调查询问笔录
附录 4-5　气象行政执法现场勘验检查笔录
附录 4-6　气象行政执法证据登记保存审批表
附录 4-7　气象行政执法证据登记保存通知书
附录 4-8　气象行政执法解除证据登记保存审批表
附录 4-9　气象行政执法解除证据登记保存通知书
附录 4-10　气象行政执法鉴定委托书
附录 4-11　气象行政执法鉴定意见书
附录 4-12　气象行政执法行政处罚告知书
附录 4-13　气象行政执法通知书
附录 4-14　气象行政执法听证告知书
附录 4-15　气象行政执法听证笔录
附录 4-16　气象行政执法案件讨论记录
附录 4-17　气象行政执法责令整改通知书
附录 4-18　气象行政执法责令停止违法行为通知书
附录 4-19　气象行政执法行政处罚决定审批表
附录 4-20　气象行政执法行政处罚决定书
附录 4-21　气象行政执法送达回证
附录 4-22　气象行政执法现场处罚决定书
附录 4-23　气象行政执法案件移送书
附录 4-24　气象行政执法强制执行申请书
附录 4-25　气象行政执法笔录续页
附录 4-26　气象行政执法结案报告
附录 4-27　气象行政执法结(销)案审查表
附录 4-28　备考表

附录 4-1

<table>
<tr><td colspan="5">气象行政执法案卷</td></tr>
<tr><td>案件类别</td><td colspan="4"></td></tr>
<tr><td>案
由</td><td colspan="4"></td></tr>
<tr><td>处
理
结
果</td><td colspan="4"></td></tr>
<tr><td>立案日期</td><td colspan="2">年　　月　　日</td><td>结案日期</td><td>年　　月　　日</td></tr>
<tr><td>归档日期</td><td colspan="2">年　　月　　日</td><td>保存期限</td><td></td></tr>
<tr><td colspan="2">归档号　　年　　号</td><td colspan="2">本卷共　　件　　页</td><td>案件承办人：</td></tr>
</table>

注：1. 不予立案的有关文书另卷保存；

2. 保存期限，包括短期、长期和永久。简易程序类和无行政处罚类采用短期保存；行政处罚类采用长期保存；重大行政处罚类采用永久保存。

附录 4-2

卷内目录

序号	文书材料原编字号	日 期	标题	页号	备考
1					
2					
3					
4					
5					
6					
7					
8					
9					
10					
11					
12					
13					
14					
15					

注:法制机构意见栏由地(市)级以上气象主管机构的法制机构填写,县级气象主管机构本栏可不填写。

附录 4-3

<table>
<tr><td colspan="2">气象行政执法立案审批表
（　　）气立案〔　　〕　　号</td></tr>
<tr><td>案件类别</td><td></td></tr>
<tr><td>案情
摘要</td><td></td></tr>
<tr><td>案件承办
人员意见</td><td>承办人：　　　　　　　　年　　月　　日</td></tr>
<tr><td>法制机构
审核意见</td><td>审核人：　　　　　　　　年　　月　　日</td></tr>
<tr><td>本级气象主管
机构负责人
审批意见</td><td>批准人：　　　　　　　　年　　月　　日</td></tr>
</table>

附录 4-4

气象行政执法调查询问笔录

共　　页 第　　页

调查(询问)时间：　　　年　　月　日　　时　　分至　日　时　　分

调查(询问)地点：

调查(询问)人：　　　证件号码：

记录人：　　　证件号码：

被调查(询问)人：　　　性别：　　　年龄：

工作单位：　　　职务：　　　电话：

地址(住址)：

我们是……………气象局行政执法人员……………、……………,证件号码为……………、……………,这是我们的执法证件(出示证件)。我们依法向你了解有关情况,请配合。

被调查(询问)人意见及签名或押印：　　　年　　月　　日　　时　　分

调查人(询问)签名：　　　年　　月　　日　　时　　分

记录人签名：　　　年　　月　　日　　时　　分

注：被调查(询问)人应在笔录逐页签名或押印,如有涂改之处,应在涂改之处签名或押印；并在笔录终了处注明“此记录属实”字样和调查结束时间。

附录 4-5

气象行政执法现场勘验检查笔录

共　　页第　　页

检查时间：＿＿＿＿年＿＿月＿＿日＿＿时＿＿分至＿＿日＿＿时＿＿分

被检查单位(人)：＿＿＿＿＿＿＿＿法定代表人：＿＿＿＿＿＿

性别：＿＿＿＿年龄：＿＿＿＿职务：＿＿＿＿＿＿

电话：＿＿＿＿＿＿＿＿＿＿＿＿＿＿＿＿＿＿

地址(住址)：＿＿＿＿＿＿＿＿＿＿＿＿＿＿＿＿

检查场所：＿＿＿＿＿＿＿＿＿＿＿＿＿＿＿＿

检查人：＿＿＿＿＿＿＿＿　记录人：＿＿＿＿＿＿＿＿

我们是＿＿＿＿气象局行政执法人员＿＿＿＿＿＿、＿＿＿＿＿＿，证件号码为＿＿＿＿＿＿、＿＿＿＿＿＿，这是我们的执法证件(出示证件)。我们依法向你了解有关情况，请配合。

检查情况：＿＿＿＿＿＿＿＿＿＿＿＿＿＿＿＿

＿＿＿＿＿＿＿＿＿＿＿＿＿＿＿＿＿＿＿＿

＿＿＿＿＿＿＿＿＿＿＿＿＿＿＿＿＿＿＿＿

＿＿＿＿＿＿＿＿＿＿＿＿＿＿＿＿＿＿＿＿

被检查单位(人)对检查的意见：＿＿＿＿＿＿＿＿＿＿

被检查单位法定代表人或被检查人签名或押印：＿＿＿＿＿＿＿＿

检查人签名：＿＿＿＿＿＿　记录人签名：＿＿＿＿＿＿

年　　月　　日　　时　　分

附录 4-6

气象行政执法证据登记保存审批表

<table>
<tr><td rowspan="4">被保存物品持有（所有）人</td><td colspan="2">单位（人）名称（姓名）</td><td colspan="2"></td><td colspan="2">法定代表人</td><td></td></tr>
<tr><td>性别</td><td colspan="2"></td><td>年龄</td><td></td><td>职务</td><td></td></tr>
<tr><td>电话</td><td colspan="6"></td></tr>
<tr><td colspan="2">地址（住址）</td><td colspan="5"></td></tr>
<tr><td rowspan="6">保存物品清单</td><td colspan="2">名称</td><td colspan="2">规格型号</td><td>单位</td><td>数量</td><td>备注</td></tr>
<tr><td colspan="2"></td><td colspan="2"></td><td></td><td></td><td></td></tr>
<tr><td colspan="2"></td><td colspan="2"></td><td></td><td></td><td></td></tr>
<tr><td colspan="2"></td><td colspan="2"></td><td></td><td></td><td></td></tr>
<tr><td colspan="2"></td><td colspan="2"></td><td></td><td></td><td></td></tr>
<tr><td colspan="2"></td><td colspan="2"></td><td></td><td></td><td></td></tr>
<tr><td>案件承办人员意见</td><td colspan="7">承办人：　　　　年　　月　　日</td></tr>
<tr><td>法制机构审核意见</td><td colspan="7">审核人：　　　　年　　月　　日</td></tr>
<tr><td>本级气象主管机构负责人审批意见</td><td colspan="7">批准人：　　　　年　　月　　日</td></tr>
</table>

注：法制机构意见栏由地（市）级以上气象主管机构的法制机构填写，县级气象主管机构本栏可不填写。

附录 4-7

气象行政执法证据登记保存通知书

（　　　）气存〔　　　〕　　号

____

……………………：

因……………………………………案件调查的需要，为确保调查取证工作，根据《中华人民共和国行政处罚法》第三十七条第二款的规定，我局决定对你（单位）的下列证据清单物品予以登记保存。登记保存期间，不准使用、销售或转移，不得改变其原有状态。

登记保存期限：　　　年　　月　　日至　　　年　　月　　日

登记保存地点：

证据登记保存物品清单：

（印 章）

序号	名　称	规格型号	单位	数量	备注

被保存物品持有（所有）人签名或押印：　　　　年　　月　　日

本文书一式两份，一份交当事人，一份留存。

附录 4-8

气象行政执法解除证据登记保存审批表

<table>
<tr><td rowspan="4">被解存物品持有（所有）人</td><td colspan="2">单位（人）名称（姓名）</td><td colspan="2"></td><td>法定代表人</td><td></td></tr>
<tr><td>性别</td><td></td><td>年龄</td><td></td><td>职务</td><td></td></tr>
<tr><td>电话</td><td colspan="5"></td></tr>
<tr><td>地址（住址）</td><td colspan="5"></td></tr>
<tr><td rowspan="7">解存物品清单</td><td colspan="2">名称</td><td>规格型号</td><td>单位</td><td>数量</td><td>备注</td></tr>
<tr><td colspan="2"></td><td></td><td></td><td></td><td></td></tr>
<tr><td colspan="2"></td><td></td><td></td><td></td><td></td></tr>
<tr><td colspan="2"></td><td></td><td></td><td></td><td></td></tr>
<tr><td colspan="2"></td><td></td><td></td><td></td><td></td></tr>
<tr><td colspan="2"></td><td></td><td></td><td></td><td></td></tr>
<tr><td colspan="2"></td><td></td><td></td><td></td><td></td></tr>
<tr><td>案件承办人员意见</td><td colspan="6">承办人：　　　　年　　月　　日</td></tr>
<tr><td>法制机构审核意见</td><td colspan="6">审核人：　　　　年　　月　　日</td></tr>
<tr><td>本级气象主管机构负责人审批意见</td><td colspan="6">批准人：　　　　年　　月　　日</td></tr>
</table>

注：法制机构意见栏由地（市）级以上气象主管机构的法制机构填写，县级气象主管机构本栏可不填写。

附录 4-9

气象行政执法解除证据登记保存通知书

(   )气解〔   〕   号

……………………:

你(单位)的下列清单物品,依法于……年……月……日予以登记保存,见(   )气存〔   〕 号。经研究决定解除登记保存,作如下处理:

1. ……………………

2. ……………………

解存物品清单:

序号	名　　称	规格型号	单 位	数 量	存 放 地 点

(印　　章)

被解存物品持有(所有)人签名或押印:　　　　年　　月　　日

本文书一式两份,一份交当事人,一份留存。

附录 4-10

气象行政执法鉴定委托书

……………………………………：

因调查案件的需要，我局现委托你（单位）对下列内容进行鉴定。

鉴定内容：……………………………………………………………………

……………………………………………………………………………………

……………………………………………………………………………………

……………………………………………………………………………………

鉴定要求：……………………………………………………………………

……………………………………………………………………………………

……………………………………………………………………………………

……………………………………………………………………………………

请 于……年……月……日前向我局提供鉴定结果。

（印　章）

年　　月　　日

附录 4-11

气象行政执法鉴定意见书

<table>
<tr><td colspan="3">案　由</td><td colspan="5"></td></tr>
<tr><td colspan="3">鉴定内容及目的</td><td colspan="5"></td></tr>
<tr><td colspan="3">委托机关</td><td colspan="5"></td></tr>
<tr><td colspan="3">受委托单位(人)</td><td colspan="5"></td></tr>
<tr><td colspan="2">鉴定人姓名</td><td colspan="2">单位</td><td colspan="2">职务(职称)</td><td>专业</td><td>联系方式</td></tr>
<tr><td colspan="2"></td><td colspan="2"></td><td colspan="2"></td><td></td><td></td></tr>
<tr><td colspan="2"></td><td colspan="2"></td><td colspan="2"></td><td></td><td></td></tr>
<tr><td colspan="2"></td><td colspan="2"></td><td colspan="2"></td><td></td><td></td></tr>
<tr><td colspan="2"></td><td colspan="2"></td><td colspan="2"></td><td></td><td></td></tr>
<tr><td>时间</td><td colspan="3">年　　月　　日</td><td>地点</td><td colspan="3"></td></tr>
<tr><td>鉴定意见</td><td colspan="7"></td></tr>
<tr><td colspan="8">(鉴定人签名或者鉴定单位印章)
年　　月　　日</td></tr>
<tr><td colspan="8">备注：</td></tr>
</table>

注:本文书适用于被委托单位无固定格式鉴定意见书的情况。鉴定人意见不一致的,应说明不一致的理由。

附录 4-12

气象行政执法行政处罚告知书

(　　)气罚告〔　　〕　号

告知人：……………………被告知单位(人)：……………………

法定代表人：……………………

性别：…………年龄：…………

职务：…………电话：…………

地址(住址)：……………………………………

告知内容：我们受…………气象局的委托，特转告你以下事项：

1. 违法事实：……………………………………

……………………………………………………

……………………………………………………

2. 以上事实已违反……………………，依据……………………的规定，将给予以下行政处罚：……………………………………

……………………………………………………

……………………………………………………

3. 对上述告知内容，你(单位)有陈述、申辩的权利。如要求陈述、申辩，你(单位)在收到本通知之日起三日内，向我局提出书面陈述、申辩意见。逾期未提出的，视为放弃此权利。

我局地址：　　　　　　　　　　　　邮政编码：

联 系 人：　　　　　　　　　　　　电话：

(印　章)

年　　月　　日

本文书一式两份，一份交当事人，一份留存。

附录 4-13

气象行政执法通知书

(　　)气通〔　　〕　号

被通知单位	
被通知人	
通知事项	
应到时间	年　月　日　时
应到处所	
注　意 事　项	被通知人应持此通知准时到达应到处所。
	(印　章) 年　月　日

注:本通知书适用于通知当事人及其他人员接受调查、询问或者听证时间、地点等事项时使用。

本文书一式两份,一份交当事人,一份留存。

附录 4-14

气象行政执法听证告知书

(　　　)气听告〔　　　〕　　号

……………………：

由我局立案调查的……………………一案，已经我局调查终结。根据……………的规定，现将我局拟对你(单位)作出行政处罚的事实、理由及依据告知如下：

……………………………………………………………

……………………………………………………………

……………………………………………………………

……………………………………………………………

……………………………………………………………

……………………………………………………………

根据《中华人民共和国行政处罚法》的有关规定，你(单位)有要求举行听证的权利。如要求举行听证的，请在收到此通知之日起三日内向我局提出。逾期未提出的，视为放弃上述权利。

本局地址：……………………　邮政编码：……………………

联 系 人：……………………　电　　话：……………………

(印　章)

年　　月　　日

本文书一式两份，一份交当事人，一份留存。

附录 4-15

气象行政执法听证笔录

共　　页第　　页

听证时间：　　年　　月　　日　　时　　分至　　时　　分

听证地点：……………………………………

听证主持人：……………………………………

职　　务：……………………………………

记 录 人：……………………………………

翻　　译：……………………………………

案件承办人：…………………　单位：…………………

听证申请单位：…………………　地址(住址)：…………………

法定代表人(人)：…………………　性别：………　年龄：………

工作单位及职务：…………………　电话：…………………

委托代理人(1)：…………………　性别：………　年龄：………

工作单位及职务：…………………　电话：…………………

委托代理人(2)：…………………　性别：………　年龄：………

工作单位及职务：…………………　电话：…………………

其他参加人：…………………　性别：………　年龄：………

工作单位及职务：…………………　电话：…………………

听证记录：……………………………………

……………………………………

……………………………………

听证主持人签名：

听证参加人签名或押印：

注：听证申请人应在笔录逐页签名或押印，如有涂改之处，应在涂改之处签名或押印；并在笔录终了处注明“此记录属实”字样和听证结束时间。

附录 4-16

气象行政执法案件讨论记录

共　　页 第　　页

案由：……………………………………

时间：……… 年 …… 月 …… 日 …… 时至 …… 时

地点：……………………………………

主持人：……………………………………

出席人员姓名及职务：……………………………………

……………………………………

……………………………………

……………………………………

……………………………………

列席人员姓名及职务：

……………………………………

……………………………………

……………………………………

讨论记录：

……………………………………

……………………………………

……………………………………

案件处理意见：

……………………………………

……………………………………

……………………………………

……………………………………

……………………………………

出席人员签名：

年　　月　　日

附录 4-17

气象行政执法责令整改通知书

(　　)气令改〔　　〕　　号

……………………：

经查，你(单位)……………………………………………………………………

……………………………………………………………………………………，

……………………………………………………………………………………

违反了……………………………………………………………………………，

根据……………………………………………………………的规定，现责令你(单位)改正，于……………………前完成。逾期不予改正的，将依法进行处罚。

当事人：…………………　行政执法人员：…………………　气象主管机构：…………………

(签名或押印)　　(签名)　　(印章)

年　　月　　日

本文书一式两份，一份交当事人，一份留存。

附录 4-18

气象行政执法责令停止违法行为通知书

（　　　）气停〔　　〕　　号

……………………：

你（单位）……………………，违反了……………………，根据……………………的规定，现责令你（单位）停止下列违法行为：……………………

……………………

……………………

……………………

……………………

于　　年　　月　　日前予以改正或……………………。

逾期不予改正的，我局将按照……………………的规定，进行处罚。

当事人：……………… 行政执法人员：……………… 气象主管机构：………………

（签名或押印）　　（签名）　　（印章）

年　　月　　日

本文书一式两份，一份交当事人，一份留存。

附录 4-19

<table>
<tr><td colspan="2">气象行政执法行政处罚决定审批表</td></tr>
<tr><td colspan="2">被处罚单位(人)：……………… 法定代表人：………………
性别：………… 年龄：………… 职务：………… 电话：…………
地址(住址)：………………………………</td></tr>
<tr><td>违法事实
法律依据
处罚决定</td><td>承办人：　　　　年　　月　　日</td></tr>
<tr><td>法制机构
审核意见</td><td>审核人：　　　　年　　月　　日</td></tr>
<tr><td>本级气象主管
机构负责
人审批意见</td><td>批准人：　　　　年　　月　　日</td></tr>
</table>

注：法制机构意见栏由地(市)级以上气象主管机构的法制机构填写，县级气象主管机构本栏可不填写。

附录 4-20

气象行政执法行政处罚决定书

（　　）气罚〔　　〕　　号

被处罚单位(人)：　　　　　　　　法定代表人：

性别：　　　年龄：　　　职务：　　　电话：

地址(住址)：

违法事实：

以上事实已违反　　　　　　　　　　,依据　　　　　　　　规定,作出下列行政处罚决定：

请你(单位)自接到本决定书之日起15日内,到　　　　　　缴纳罚款,到期不缴纳罚款的,每日按罚款数额的3%加处罚款。到期不履行处罚决定的,我单位将申请人民法院强制执行。如对以上行政处罚不服,可在接到本决定书之日起60日内,向　　　　　　申请复议或者在接到本决定书之日起3个月内向人民法院起诉。

（印　章）

年　　月　　日

本文书一式两份,一份交当事人,一份留存。

附录 4-21

气象行政执法送达回证					
受送达人(单位)					
送达地点					
送达文件名称及文号	送达方式	发送日期及具体时间	收到日期及具体时间	受送达人(单位)签名或盖章	送达人
不能送达理由					
邮寄送达回执粘贴处					
备　注					

注:1.如受送达人不在场时,可交其所在单位的领导或者同住的成年家属签收,并且在备注栏内写明与受送达人的关系。

2.受送达人已指定代收人的,交代收人签收;受送达人为单位的,交单位收发室签收。

3.受送达人拒绝签收的,送达人应当邀请有关基层组织的代表或其他人员到场,说明情况,并在备注栏中写明拒收理由,留下送达文件即为送达。

附录 4-22

气象行政执法现场处罚决定书

(　　)气现罚〔　　〕　　号

..............................：

你(单位)在..............................，违反了..............................的规定，根据..............................的规定，给予下列行政处罚：

1. ....
2. ....

除依法当场收缴罚款以外，请你(单位)自接到本决定书之日起 15 日内，到..............................缴纳罚款，到期不缴纳罚款的，每日按罚款数额的 3% 加处罚款。到期不履行处罚决定的，我单位将申请人民法院强制执行。如对以上行政处罚不服，可在接到本决定书之日起 60 日内，向..............................申请复议或者在接到本决定书之日起 3 个月内向..............................人民法院起诉。

当事人：　　　　行政执法人员：　　　　气象主管机构

(签名或押印)　　　　(签名)　　　　(印 章)

地点：　　　　　　　　年　　月　　日

本文书一式两份，一份交当事人，一份留存。

附录 4-23

气象行政执法案件移送书

(　　)气移〔　　〕　　号

…………………………………………：

经我们审查，…………………………………………

…………………………………………一案，因…………………………

…………………………………………………………………………

…………………………………………，根据…………………………

…………………………………规定，移送贵单位对该案进一步处理。处理后，请将处理结果书面转告我们。

附：该案件有关材料………份………页

(印　　章)

年　　月　　日

本文书一式两份，一份交法院，一份留存。

附录 4-24

气象行政执法强制执行申请书

(　　)气申〔　　〕　　号

……………………人民法院：

我局对……………………违反……………………………………一案，已依法给予行政处罚。该案的《行政处罚决定书》(…………气罚〔　　〕…………号)已于…………年…………月…………日送达。由于其在法定期限内未予履行，根据《行政处罚法》第五十一条及《行政诉讼法》第六十五条、第六十六条规定，向你院申请强制执行下列项目：

联系人：　　　　　　　　　　联系电话：

附件：

1. 被申请人基本情况：

被申请执行单位(人)：…………　法定代表人：…………

性别：…………　年龄：…………　职务：…………　电话：…………

地址(住址)：……………………………………

2. 行政处罚决定书、行政复议决定书

3. 送达回执或其他证明材料

4. 其他有关材料

(印　章)

年　月　日

本文书一式两份，一份交受移送单位，一份留存。

附录 4-25

气象行政执法笔录续页

共　　页 第　　页

附录 4-26

气象行政执法结案报告

案发时间、地点及当事人基本情况：

立案调查、审理情况及主要违法事实：

行政处罚及执行情况：

结案的理由：

承办人：

年　　月　　日

附录 4-27

气象行政执法结(销)案审查表	
案由	
执行情况	
结(销)案理由	承办人： 年 月 日
法制机构审核意见	审核人： 年 月 日
本级气象主管机构负责人审批意见	批准人： 年 月 日
备注	处理完毕的案件附该案全部卷宗和结案报告；被撤销的案件，附有关材料。

注：法制机构意见栏由地(市)级以上气象主管机构的法制机构填写，县级气象主管机构本栏可不填写。

附录 4-28

备 考 表

<table>
<tr><td colspan="8">卷内共有文件……………………件,计……………………页

卷内有关情况说明:

立卷人:　　　　　　　　　　检查人:

年　月　日　　　　　　　　年　月　日</td></tr>
<tr><td colspan="8">检查记载</td></tr>
<tr><td colspan="3">日 期</td><td rowspan="2">缺损程度及原因</td><td rowspan="2">页号</td><td rowspan="2">处理结果</td><td rowspan="2">检查人</td><td rowspan="2">备注</td></tr>
<tr><td>年</td><td>月</td><td>日</td></tr>
<tr><td></td><td></td><td></td><td></td><td></td><td></td><td></td><td></td></tr>
<tr><td></td><td></td><td></td><td></td><td></td><td></td><td></td><td></td></tr>
<tr><td></td><td></td><td></td><td></td><td></td><td></td><td></td><td></td></tr>
<tr><td></td><td></td><td></td><td></td><td></td><td></td><td></td><td></td></tr>
<tr><td></td><td></td><td></td><td></td><td></td><td></td><td></td><td></td></tr>
<tr><td></td><td></td><td></td><td></td><td></td><td></td><td></td><td></td></tr>
</table>

附录 5　雷电防护装置检测单位质量考核流程

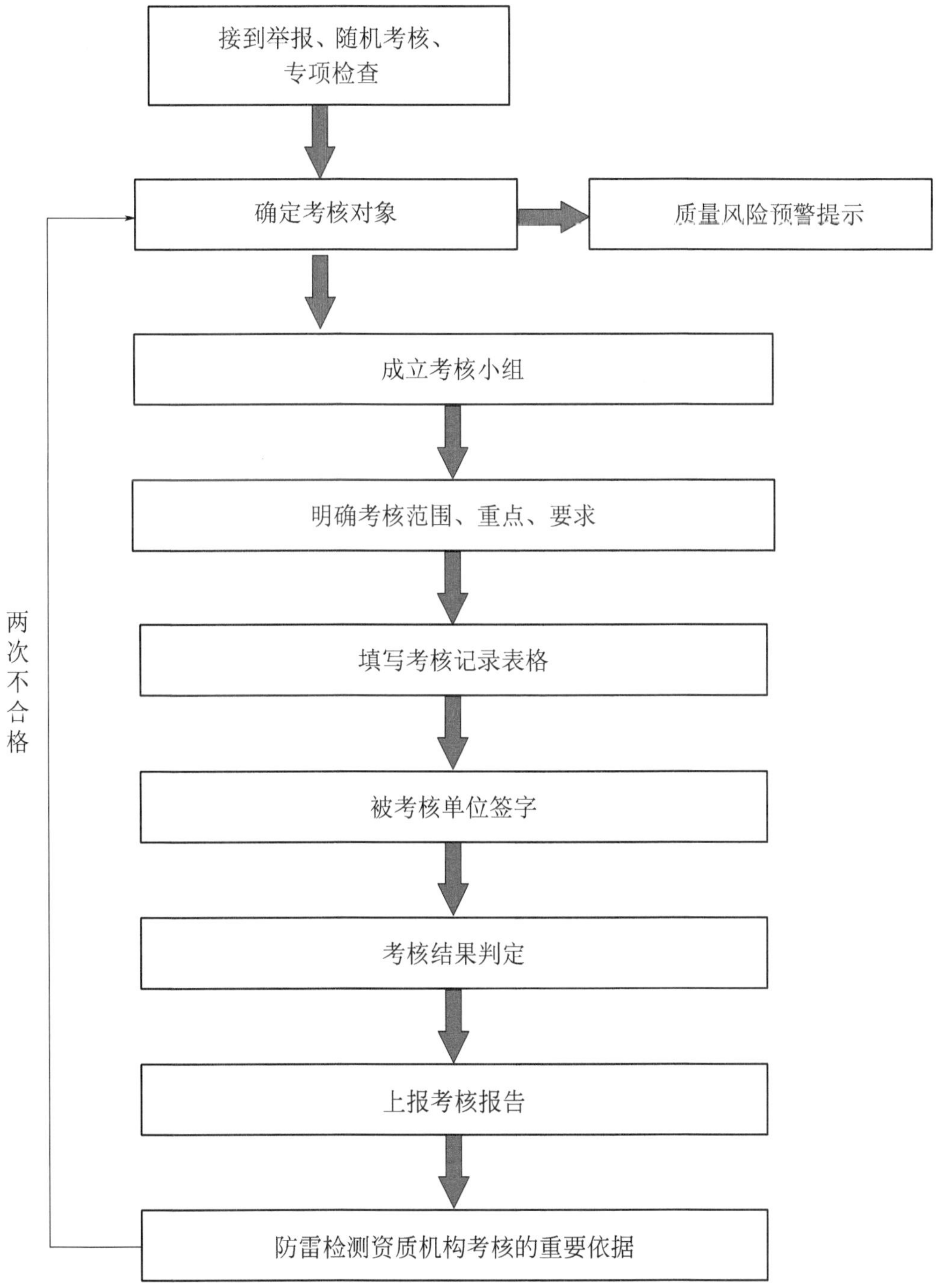

附录 6　新疆维吾尔自治区气象局《雷电防护装置检测资质管理办法》实施细则

第一章　总则

第一条　为加强全疆雷电防护装置检测资质(以下简称“检测资质”)管理,规范检测行为,促进检测市场健康发展,依据《防雷减灾管理办法》(中国气象局令第 24 号)、《雷电防护装置检测资质管理办法》(中国气象局令第 31 号)、《雷电防护装置检测资质评审细则》等规定,制定本细则。

第二条　在自治区申请检测资质,实施对检测资质的监督管理,适用本细则。

第三条　自治区气象局负责全疆除电力、通信之外的检测资质的认定和监督管理。

各地(州、市)气象局负责本行政区域内除电力、通信之外的检测资质的监督管理。

第四条　检测资质的申请、资质延续、变更采取网上受理、审批。

第二章　申请与受理

第五条　申请检测资质的单位,应当向自治区气象局提出申请,并具备以下基本条件:

(一)独立法人资格;

(二)具有满足检测业务需要的经营场所;

(三)从事检测工作的人员应当通过自治区气象学会组织的检测能力评价,具备相应的检测能力,并在其从业单位参加社会保险;具备检测能力的专业技术人员中,应当有一定数量的与防雷、建筑、电子、电气、气象、通信、电力、计算机相关专业的高、中级专业技术人员,并具备相应资质等级要求的雷电防护装置检测专业知识和能力;

(四)具有检测质量管理体系,并有健全的技术、档案和安全管理制度;

(五)具有与所申请检测资质等级相适应的技术能力和良好信誉;

(六)具有满足相应技术标准的专业设备(见附件 1),专用仪器设备应当经法定计量检定机构检定或校准,并在有效期内。

第六条　申请检测甲级资质的单位除了符合本细则第五条的规定外,还应当同时符合以下条件:

(一)具有与承担业务相适应的检测专业技术人员,其中具有高级技术职称的不少于 2 名,中级技术职称不少于 6 名;技术负责人应当具有高级技术职称,并从事检测工作五年以上;

(二)近三年内开展的检测项目不少于 300 个,且未因检测质量问题引发事故;检测项目通过自治区气象局(或委托的地(州、市)气象局)组织的质量考核,且合格率达 90%以上;

(三)取得乙级资质三年以上。

第七条　申请检测乙级资质的单位除了符合本细则第五条的规定外,还应同时符合以下条件:

具有与承担业务相适应的检测专业技术人员，其中具有高级技术职称的不少于一名，中级技术职称不少于三名；技术负责人应当具有高级技术职称，并应从事雷电防护装置检测、雷电防护工程设计与施工、雷电防护设计技术评价、雷电监测、电气检测、建筑钢结构检测、建筑桩基检测等工作三年以上。

第八条 申请检测甲级资质的单位应当提交以下书面材料中(一)至(十一)项的内容，申请检测乙级资质的单位应当提交以下书面材料中(一)至(八)项的内容。

(一)《检测资质申请表》(见附件2)；

(二)事业单位法人证书或企业法人营业执照正、副本原件及复印件；

(三)《专业技术人员简表》(见附件3)，专业技术人员的技术职称证书、身份证明、劳动合同、社会保险关系证明、检测能力评价证明原件及复印件；

(四)专业技术负责人的任命文件。同时，申请甲级(或乙级)资质技术负责人需提供从事检测等相关工作五年(或三年)以上的工作证明；

(五)经营场所产权证明或租赁合同的原件及复印件(实际经营地址与证照地址不一致的，还应提供相应证明)；

(六)仪器、设备及相关设施清单(包括仪器名称、型号、编号、技术指标、制造厂家、购置日期、检定/校准有效期等)；

(七)检测质量管理手册，包括：

1. 质量保证体系框图；

2. 质量控制措施；

3. 相关的管理制度(包括内部工作文件管理制度、合同管理制度、异议申诉处理制度、保密制度(应明确纸质文档和电子文档保密范围和措施)、人员培训制度、资料交接制度、现场检测监督及检查制度、检测人员职业道德规范、检测人员考核及奖惩制度、检测结果报告制度等)；

4. 相关技术标准目录等。

(八)安全生产管理制度，包括：

1. 责任制度；

2. 事故应急预案和分析处理制度；

3. 作业制度和具体安全措施；

4. 检测作业指导书(包括检测流程、检测方法、仪器设备配置、仪器设备操作规程、原始记录与检测报告的格式等)；

(九)现有检测资质证正、副本原件及复印件；

(十)《近三年已完成的检测项目表》(见附件4)，并提供通过自治区气象局(或委托的地(州、市)气象局)组织质量考核且合格率达到90%以上的证明；

(十一)近三年20个以上检测项目的相关资料(包括检测项目合同复印件及其检测报告)。

第九条 申请单位应按本细则要求将申请资料上传至"雷电防护装置检测单位资质认定管理系统"(以下简称"认定系统")，申请材料通过网上受理后，申请单位应及时将纸质材料一式两份提交至自治区气象局政策法规处。采取邮寄方式的，以收件日邮戳为准。

申请单位提交的纸质材料应当加盖申请单位公章，按照项目的顺序依次装订成册后加盖骑缝章，并承诺对申请材料的真实性负责。

第十条 自治区气象局负责对检测资质申请单位网上提交的材料进行审核。审核应当在收到全部申请材料之日起五个工作日内完成，作出是否受理的决定并出具凭证。

审核不合格的出具书面凭证，并说明理由。

第三章　审查与评审

第十一条　自治区气象局受理检测资质申请后，委托检测资质评审委员会（以下简称评委会）对检测资质申请进行评审。评委会评审时应当以记名投票方式进行表决，并提出评审意见。

第十二条　评委会依照《雷电防护装置检测资质评审细则》的要求对检测资质申请单位进行评审。评审包括现场考核和会议评审。

第十三条　现场考核由评委会安排现场考核小组或委托当地气象主管机构进行。考核小组由 2 名以上评审专家组成。

第十四条　现场考核应当按以下程序进行：

（一）双方到场人员介绍；

（二）宣布考核依据、工作安排等；

（三）申请单位情况介绍；

（四）逐项考核评审项目；

（五）汇总并制作现场考核记录；

（六）双方签字确认。

第十五条　现场考核应当包括以下内容：

（一）对照检查所提交资料的原件。

（二）核查仪器、设备及相关设施清单中所列的实物。

（三）核查办公场所与产权证明或者租赁合同内容是否一致。

（四）核查项目资料、雷电防护装置检测质量管理手册、安全生产管理制度等档案资料的规范性和完整性。

（五）抽查二至三个以上雷电防护装置检测项目的全套档案资料（仅限申请雷电防护装置检测甲级资质）。

（六）考察主要专业技术与管理人员对有关管理制度、技术规范等的掌握和执行情况。

申请单位的法人代表（或其委托代理人）、技术负责人、专业技术人员应当接受评审小组提出关于组织架构、管理制度、专业知识等的询问和考核，并根据考核需要进行实地操作。

（七）其他需要现场核查的内容。

工作人员应当将现场核查的各项内容记录在案，由双方签字确认，并保存必要的视听资料，形成现场核查工作报告报自治区气象局。

第十六条　现场考核过程中，发现被考核方存在以下任一情况时，现场考核结论为不通过：

（一）资质申请材料与实际情况不符，存在隐瞒、虚报情况的；

（二）技术负责人理论知识考核存在明显不足的；

（三）专业技术人员实际操作考核中有两个以上检测项目存在未能按照标准要求进行检测，未能正确操作仪器设备、有不安全操作行为或未能对检测数据进行正确处理得出检验结论的情况。

第十七条　现场考核完毕后，由考核小组成员、申请单位的法定代表人或其委托代理人对现场考核记录确认并签章。申请单位拒绝确认或者签章的，由现场考核小组作现场记录，并全体签章见证。

第十八条　现场考核情况应当在会议评审时进行汇报。现场考核记录作为评委会的评审依据。

第十九条　评委会经由现场考核和会议评审，形成评审意见和评审结论。评委会主任委员应对评审意见和评审结论签字确认，并提交自治区气象局。

第二十条　自治区气象局根据评审结论对检测资质申请作出认定。通过认定的，经向中国气象局备案，并在中国气象局网站公示无异议的，颁发《检测资质证》。

自治区气象局应当自受理申请之日起二十个工作日内做出认定，资质评审所需时间不计入许可审查时限。

未通过认定的，自治区气象局在十个工作日内书面告知申请单位，并说明理由。

第四章　资质延续

第二十一条　检测资质的有效期为五年。

申请单位应当在资质有效期满三个月前向自治区气象局提出延续申请，并提交本细则第八条规定的材料和资质有效期内每年年度报告、信用档案的书面材料。

资质证有效期届满三个月前未提出延续申请的单位，其资质证到期自动失效。

第二十二条　自治区气象局应当根据年度报告、信用档案、初审意见及资质申请条件，作出准予延续、降低等级或者注销的决定。

申请延续的单位不符合资质延续条件的，自治区气象局应当作出降级或者注销决定，并于决定作出之日起十个工作日内书面告知申请单位并说明理由，收回原资质证书。

第五章　资质变更

第二十三条　取得检测资质的单位在资质证有效期内名称、地址、法定代表人等发生变更的，应当在法人资格管理部门变更登记后三十个工作日内，向自治区气象局提交资质变更申请材料。

第二十四条　申请检测资质变更的，应当提交以下材料：

（一）正式的变更申请公函。

（二）法人资格管理部门出具的变更核准证明原件及复印件。

（三）变更前的事业单位法人证书或企业法人营业执照正、副本复印件和变更后的事业单位法人证书或企业法人营业执照正、副本原件及复印件。

（四）检测资质证正、副本原件及复印件。

第二十五条　变更事项经核实确认后，自治区气象局应当予以变更。

第二十六条　取得检测资质的单位发生合并、分立以及注册地跨省、自治区、直辖市变更的，应当在法人资格管理部门变更登记后三十个工作日内，向自治区气象局提交申请。

第二十七条　合并后存续或者新设立的单位可以承继合并前各方中较高等级的资质。承继较高等级资质的单位，除应向自治区气象局提交本细则第八条规定的材料外，还需提交以下材料：

（一）正式的变更申请公函。

（二）合并后的事业单位法人证书或企业法人营业执照正、副本的原件及复印件。

（三）原各方单位检测资质证正、副本原件。

合并变更后，原检测资质自动作废。

第二十八条 单位分立后申请核定资质的，申请单位应当向自治区气象局提交本细则第八条规定的材料外，还需提交以下材料：

（一）分立决议或者决定书的原件及复印件。

（二）变更前后的各相关方事业单位法人证书或企业法人营业执照正、副本复印件。

第二十九条 具有检测资质的单位申请分立的，分立后资质等级根据实际达到的资质条件重新核定，并注销原资质。

第三十条 在疆外取得的检测资质单位变更注册地至新疆维吾尔自治区的，应当提交除本细则第八条规定的材料外，还需提交以下材料：

（一）变更前的检测资质证正、副本原件。

（二）法人资格管理部门出具的迁出、迁入的相关材料。

（三）变更前的事业单位法人证书或企业法人营业执照副本的复印件和变更后的事业单位法人证书或企业法人营业执照副本的原件及复印件。

（四）迁出地省（自治区、直辖市）气象主管机构出具的证明（附件5）和信用档案记录。

自治区气象局负责对迁入单位的资质按照本细则规定进行重新核定，并按核定结果，换发资质证。

第三十一条 取得检测资质的单位，因遗失、损毁等原因需要补办检测资质证书的，资质证书由自治区气象局核实后补发，并提交以下材料：

（一）正式的补办资质证申请公函（包括补办原因、补办资质证类别等）。

（二）事业单位法人证书或企业法人营业执照正、副本复印件。

（三）在自治区级以上公开发行报纸上刊登的资质证作废声明（报纸原件，作废声明内容应包括单位名称以及资质证名称、等级、编号、总编号、有效期、发证日期等信息）。

第六章 监督管理

第三十二条 检测资质管理实行年度报告制度。

检测单位应当从取得资质证后次年起，在每年的第二季度向自治区气象局报送上一年度的年度报告。包括：

（一）对照本细则第六条进行说明，是否持续符合资质认定条件和要求；

（二）执行技术标准和规范情况；

（三）分支机构设立和经营情况；

（四）年度检测项目表（见附件4）。

自治区气象局对年度报告内容进行抽查，将抽查结果纳入信用管理，同时记入信用档案并公示。

第三十三条 检测资质单位实行质量考核制度。自治区及各地（州、市）气象局根据检测资质单位的信用档案情况，以“双随机”方式组织对检测资质单位进行检测质量考核。

第三十四条 全疆建立检测资质单位信用档案，信用档案记录作为资质延续、升级、降级、注销等的依据。以下信息计入资质单位信用档案：

(一)行政许可、行政处罚信息；

(二)质量考核信息；

(三)行业评价、行业管理类信息；

(四)告知承诺、整改类信息；

(五)受检单位反映的表扬、投诉类信息；

(六)自治区、地(州、市)、县(市、区)气象局及外省(区、市)气象局在日常执法检查过程中记录的违反法律法规和规章的活动信息；

(七)年度报告以及抽查结果信息。

第三十五条　疆外检测资质单位在疆内设立分支机构或者在疆内从事检测活动的，应当及时向自治区气象局登记，并接受当地气象主管机构的监管。登记材料包括：

(一)疆外检测资质单位的《企业法人营业执照》或《事业单位法人证书》复印件；

(二)外省(自治区、直辖市)气象局颁发的检测资质证复印件，以及《单位注册所在地省(自治区、直辖市)气象主管机构审查表》(见附件6)；

(三)疆外检测资质单位驻疆分支机构相关资料(包括成立分支机构的批准文件、分支机构负责人的任命文件等)；

(四)《在疆从业人员简表》(见附件3)，从业人员的身份证、专业技术职称证书、防雷装置检测能力评价证明或防雷装置检测资格证原件及复印件，以及从业人员与取得检测资质单位签订的劳务用工合同；

(五)驻疆分支机构开展防雷检测业务的仪器、设备清单(见附件7)；

(六)办理登记人员身份证件原件、复印件及疆外检测资质单位授权办理登记的委托书。

自治区气象局应及时向社会公布疆外检测资质单位的有关情况。

第七章　附则

第三十六条　新疆气象学会负责全疆检测专业人员能力评价工作，并接受自治区气象局的监督管理。

第三十七条　本细则自发布之日起实施。

附件 1

防雷装置检测专业设备表

序号	仪器设备名称	配置台数		主要性能要求
		甲	乙	
1	激光测距仪	√	√	量程:0～150 m
2	测厚仪	√	√	金属厚度测量,超声波
3	经纬仪	√	√	量程:0～360°,分辨率:2″
4	拉力计	√	√	量程:0～40 kgf
5	可燃气体测试仪	√	√	适用气体:可燃气体
6	接地电阻测试仪	√	√	测试电流:>20 mA(正弦波),分辨率:0.01 Ω
7	大地网测试仪	√		测试电流:>3 A,分辨率:0.001～99.999 Ω,频率可选
8	土壤电阻率测试仪	√	√	四线法测量,测试电流:>20 mA(正弦波),分辨率:0.01 Ω
9	等电位测试仪	√	√	测试电流:≥1 A,四线法测试,分辨率:0.001 Ω,具备大容量锂电池
10	环路电阻测试仪	√	√	电阻测量分辨率:0.001 Ω,电流测量分辨率:1 μA
11	防雷元件测试仪	√	√	测试器件:MOV,具备大容量锂电池
12	绝缘电阻测试仪	√	√	0～1000 MΩ
13	表面阻抗测试仪	√	√	测量范围:10^3～10^{10} Ω
14	静电电位测试仪	√	√	测量范围:±20 kV
15	数字万用表	√	√	电压、电流、电阻测量,分辨率:3 位半
16	防爆对讲机	√		防爆对讲
17	标准电阻	√	√	10^{-3}～10^5 Ω,功率 1/2 W,线绕型
18	钢卷尺	√	√	分辨率:0.01 m
19	游标卡尺	√	√	量程:0～150 mm

附件 2

防雷装置检测资质申请表

填报单位(盖章)： 填报日期： 年 月 日

单位名称							
法定代表人			经济性质				
主管单位							
单位地址							
通信地址			邮政编码		联系电话		
申请防雷装置检测资质等级							
从事防雷装置检测时间							
本单位专业技术人员数量							
高 工	人	工程师	人	助工/技术员	人	技 工	人
单位概况							

续表

本人承诺：所提供材料真实有效。 法定代表人： 年　月　日	
评审意见	年　月　日
主管部门审批意见	年　月　日

附件 3

专业技术人员简表(在疆从业人员简表)

填报单位(盖章)：　　　　　　　　　　　　　　　　填报日期：　　年　　月　　日

序号	姓名	身份证号	职称专业	职称	工作岗位	从事防雷装置检测工作时间	防雷装置检测资格证书编号	其他证编号

附件 4

近三年(年度)已完成防雷装置检测项目表

填报单位(盖章)：　　　　　　　　　　　　　　　　填报日期：　　年　　月　　日

序号	项目名称	建筑物防雷类别			合同编号	完成时间	质量考核情况	备注
		一	二	三				

注：请按此表如实填写近三年内实际完成的防雷装置检测项目情况。

附件 5

证　明

______________公司于____年____月____日取得____级雷电防护装置检测资质，其资质证编号______________，总编号______________，有效期为______________。该资质为有效资质，我省（区、市）气象局同意该公司迁出。

（公章）

年　　月　　日

附件 6

单位注册所在地省(自治区、直辖市)气象主管机构审查表

(在“□”内打“√”)

审查内容	有	无	情况说明及处理意见
(一)防雷装置检测资质证书上年或当年度报告合格	□	□	
(二)伪造、涂改、出租、出借、挂靠、转让防雷装置检测资质证书	□	□	
(三)向监督检查机构隐瞒有关情况、提供虚假材料或者拒绝提供反映其活动情况的真实材料	□	□	
(四)资质证书已失效承接防雷装置检测活动	□	□	
(五)超出资质等级承接防雷装置检测活动	□	□	
(六)防雷装置检测资质单位承接后转包或者违法分包	□	□	
(七)严重违反国家有关防雷技术标准	□	□	
(八)发生过防雷装置检测重大安全质量或责任事故	□	□	
(九)瞒报防雷装置检测质量事故或破坏事故现场、阻碍对雷击事故调查的	□	□	
(十)其他违反法律、法规的行为	□	□	
审查意见： 负责人签字：　　　　主管部门(盖章) 年　月　日			

附件 7

仪器、设备及相关设施清单

填报单位(盖章)：　　　　　　　　　　　　填报日期：　　年　　月　　日

序号	仪器设备名称	规格	单位	数量	编号	购置日期	校检情况	备注

附录 7 新疆维吾尔自治区雷电防护装置检测资质认定流程

一、为了规范雷电防护装置检测资质认定行为，依据《防雷减灾管理办法》、《雷电防护装置检测资质管理办法》等有关规定，结合新疆实际，制定本流程。

二、自治区气象局负责全疆防雷装置检测资质认定工作的监督管理，自治区气象局政策法规处具体组织实施。

三、受理。政策法规处收到检测资质单位申请材料后一次性告知所缺材料，并于 3 个工作日内告知是否受理。

四、初审。申报材料符合相关要求的，政策法规处按照有关规定对该资质单位申请材料的真实性与合法性进行审查。

五、现场核查。按照中国气象局评审细则，政策法规处派 2～3 名委员对申请单位的相关情况进行现场核查(具体核查项目见附件 1)，核查结束后由核查人员与申报资质单位工作人员签字确认。现场核查人员对其核查情况的真实性负责。

六、评审。政策法规处委托区局防雷资质评审委员会对资质申请单位进行评审。每次评审会组织 9～11 名委员按照规定开展评审，评审会会议程序如下：

(一)会议推荐一名主任委员，主任委员宣布评审纪律；

(二)政策法规处介绍被评单位的相关情况；

(三)现场核查专家介绍核查情况；

(四)评审委员根据上述情况和被评单位的材料进行综合考评，对评审表(见附件 2)中的内容逐项评定，并签名确认；

(五)评审委员会主任委员对评审表进行汇总，确定评审结论。评审结论分为通过、不通过两种，评审委员三分之二以上同意的为通过；

(六)评审意见和评审结论(见附件 3)由评审委员会主任委员签字确认。

七、政策法规处按照行政许可程序，将评审结果报区局，由区局分管领导签字后，印发雷电防护装置检测资质证书。

附件略。

附录8　新疆维吾尔自治区气象局雷电防护装置检测质量考核暂行办法

第一章　总则

第一条　为了规范雷电防护装置检测行为，提高雷电防护装置检测质量，依据《雷电防护装置检测资质管理办法》、《建筑物防雷装置检测技术规范》(GB/T 21431—2015)、《防雷装置检测质量考核通则》(QX/T 317—2016)和有关法律法规及技术标准，制定本办法。

第二条　本办法适用于雷电防护装置检测机构在自治区从事的雷电防护装置检测活动的质量考核。

本办法所称雷电防护装置检测资质机构，是指依法取得省(自治区、直辖市)气象局核发的雷电防护装置检测资质，在自治区从事雷电防护装置检测活动的法人或其他组织。

第三条　新疆气象局委托新疆维吾尔自治区气象灾害防御技术中心(以下简称自治区灾害防御中心)负责全疆雷电防护装置检测质量考核的组织管理。

自治区灾害防御中心、各地(州、市)气象局所属的灾害防御中心负责本地区雷电防护装置检测质量考核工作，并及时公开雷电防护装置检测质量考核信息，对监管信息实现互联互通。

第四条　雷电防护装置检测质量考核工作应当遵循客观、科学、公开、公正的原则。

第二章　考核方式和考核内容

第五条　自治区灾害防御中心负责组建区局检测质量考核技术专家库。技术专家应当具备以下条件：

(一)有良好的职业道德，遵纪守法、廉洁奉公、责任心强；

(二)熟悉防雷相关法律法规规章、标准；

(三)从事防雷检测技术工作三年以上；

(四)具有防雷、建筑、电子、电气、气象、通信、电力、计算机等专业中级以上技术职称。

第六条　开展质量考核工作，应组建由一名灾害防御中心质量监管人员和从质量考核专家库中随机抽取的两名技术专家组成，并确定一名考核组长。

防雷装置检测质量考核实行组长负责制，考核组对考核结论负责。

第七条　考核组及考核成员的职责与义务：

(一)遵守相关法律法规规章，严格执行标准规范和考核程序；

(二)对在考核期间获得的被考核检测机构相关业务、管理、人事等有关信息进行保密；

(三)考核成员与被考核单位存在利害关系的，应当主动回避；

(四)对考核过程中获得的资料进行分析，评估检测机构被考核项目检测行为的真实性、有效性；

(五)按照法律法规和标准的要求，客观、公正地出具考核结论，并对所出具的结论负责。

第八条　质量考核形式分为三种：

(一)年度考核。每年度进行一次，由灾害防御中心组织集中考核，或依防雷装置检测资质机构申请考核。

(二)社会实名举报检查考核。

(三)不定期抽查考核，与执法和安全检查工作配合进行。

第九条　考核方式分为两种：

(一)资料检查。按照要求对所抽取的考核项目资料进行核查，必要时考核组应去项目现场对项目资料进行核实。

(二)项目验证。采用检测机构自测，考核组现场监督或考核组独立检测两种形式。

第十条　通过检测机构自测，由原检测人员使用原检测设备按检测报告记录的信息实施复测，考核人员现场监督。具体要求如下：

(一)检测应覆盖原检测报告中所有的检测项目；

(二)当检测项目中有多个相同测试内容时，考核人员可选取具有代表性的部位或设备要求检测人员测试；

(三)检测结束后，检测人员应在考核记录上签字，并由现场考核人员签字后考核组留存。

第十一条　通过考核组成员独立检测，被考核的检测机构人员应在场观察。具体要求如下：

(一)考核组应按照检测规范或检测要求及被考核检测机构质量管理体系文件的规定要求完成检测；

(二)检测过程中应参考被考核机构检测报告，当可选择的检测部位或设备与检测报告记录的重合时，应选择同一部位或设备进行测试；

(三)检测结束后，考核人员应要求受检单位相关人员在考核记录上签字。

第十二条　在自治区从事雷电防护装置检测的机构，应于每年 11 月 30 日前向自治区灾害防御中心提出质量考核申请，并提交考核申请表(见附件 1)。

考核组对每个检测机构全年的检测项目(检测报告)，按 5% 比例随机抽取进行考核，最少不少于 1 个，最多不超过 10 个。采用项目验证方式考核的，应不少于抽检项目的 50%，两个及以下项目均应采用项目验证。

考核项目应在检测机构已出具检测报告一年内的项目中选取，选取时宜采用随机抽样，兼顾各种环境、场所、类型的项目。

第三章　考核流程和内容

第十三条　雷电防护装置检测单位质量考核依据：

(一)相关法律法规；

(二)检测实施期间的有效相关技术标准；

(三)国家及自治区气象主管机构规定的检测业务规范或检测要求；

(四)被考核检测机构质量管理体系文件。

第十四条　雷电防护装置检测质量考核流程按照附件 2 进行。

第十五条　雷电防护装置检测质量考核内容包括：

(一)验证检测报告对防雷装置及其相关建(构)筑物真实情况的反映程度；

(二)考察检测方法的正确程度；

(三)检查检测报告所载检测项目的完整性；

(四)检查检测所依据标准的适用性；

(五)核实检测数据的准确性；

(六)检查检测报告与原始记录的一致性；

(七)检查检测报告综合结论的正确性和改进建议的合理性。

第四章　评分规则及资料处理

第十六条　检测质量考核判定采用计分制。

考核组根据第十五条所列内容，按照《雷电防护装置检测质量考核内容分值及扣分项》(见附件3)进行评判。当七项考核内容全部符合要求，考核结果即为100分。当某一考核内容不符合或部分不符合考核要求时，则逐项对应扣分。

第十七条　考核计分完成后，考核组应及时整理考核资料，并对照考核依据，对每一考核项目逐项进行考核分析，并按以下评判标准形成雷电防护装置检测质量考核报告(以下简称考核报告)(见附件4)：

(一)当全部被考核内容每项合格率大于或等于90%时，判定该项目检测质量考核合格。

(二)当全部被考核内容每项合格率小于90%时，判定该项目检测质量考核不合格。

第十八条　在考核过程中，考核组应向检测机构调取抽查项目的原始记录、检测报告及其他相关资料进行核查，并将其复印件加盖检测机构公章后留存。期间还对相关过程进行必要的影像记录。

对原检测时间后防雷装置和建(构)筑物及其附属物可能出现的变动情况，考核人员应向受检单位核实并签字确认。

第十九条　考核组应对随机抽取的检测项目按考核标准逐个进行考核，并根据单个项目的得分情况，综合判定检测单位全年检测质量。

第二十条　考核组应在考核资料收集或现场验证完毕后10个工作日内完成考核报告并上报自治区灾害防御中心。考核记录表格和其他所有考核资料应作为考核报告附件。

自治区灾害防御中心应在收到考核报告后10个工作日内，书面向检测机构通报考核结论，并公示公开考核结果。

检测机构如对考核结论有异议，应在收到考核结论后15个工作日内向受检项目所在地气象主管机构申诉。

第二十一条　当地气象主管机构应根据考核结果，对质量考核不合格两次以上的检测机构进行质量风险预警提示。

雷电防护装置检测质量考核结果应作为雷电防护装置检测资质机构信用管理、资质延续、升级的依据。

第五章　附则

第二十二条　本办法由自治区气象局负责解释。

第二十三条　本办法自发布之日起施行。

附件 1

雷电防护装置检测质量考核申请表

申请质量考核单位名称				
申请质量考核单位地址				
法定代表人姓名			联系电话	
联系人姓名			联系电话	
本年度开展的检测项目名称	1		项目所在地地址	
	2			
	3			
	4			
	5			
	6			
	7			
	8			
	9			
	10			
	11			
	12			
	13			

附件 2

雷电防护装置检测单位质量考核流程

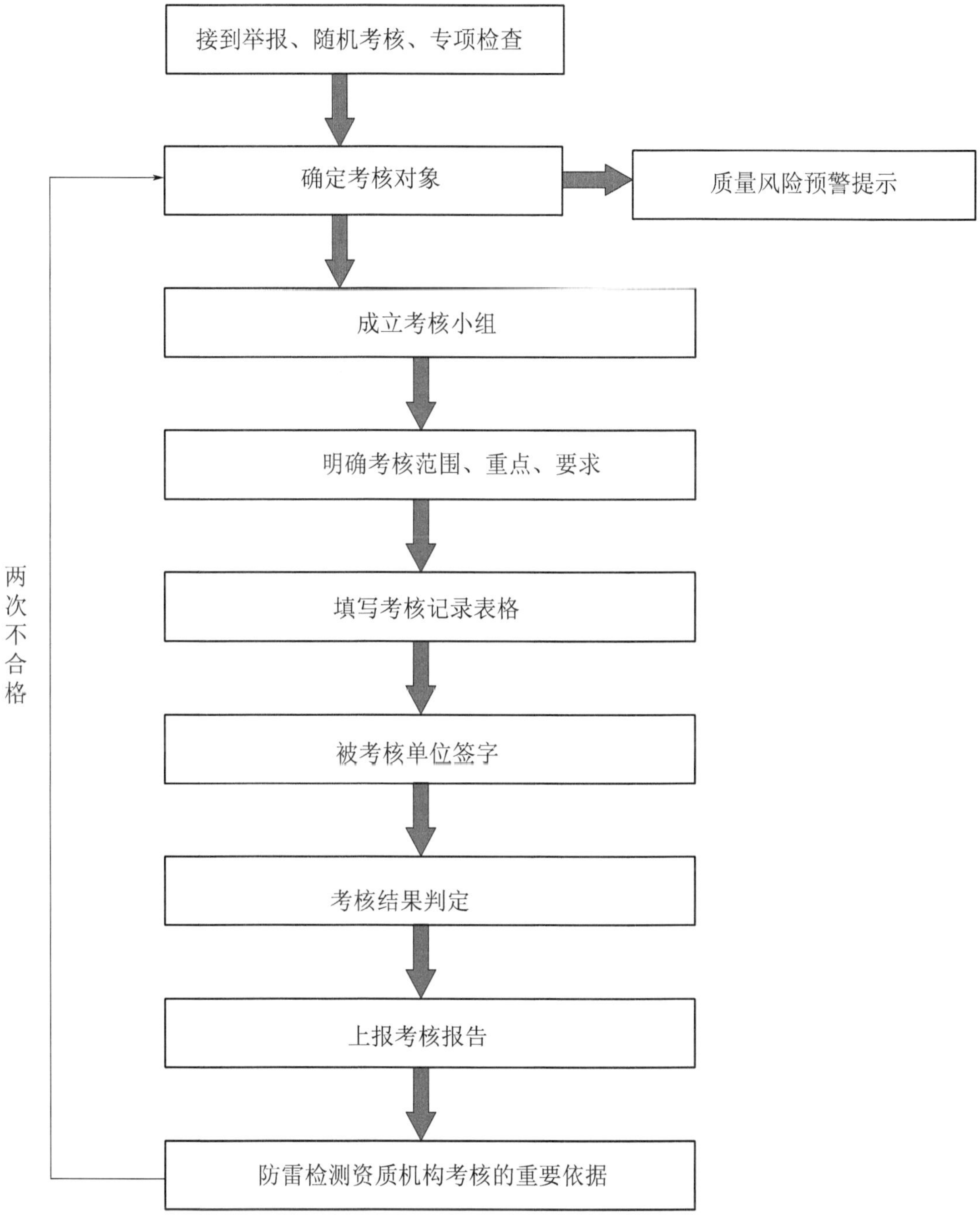

附件 3

雷电防护装置检测质量考核内容分值及扣分项

考核内容分值及扣分项		得分
（一）检测报告对防雷装置及其相关建（构）筑物真实情况的反映程度（15分）	1. 现场环境及天气等条件是否能保证正常检测，扣 1 分/处，最高扣 2 分	
	2. 原始记录中记载的检测项目与现场不符或无对应装置，扣 2 分/处，最高扣 8 分	
	3. 无防雷装置平面示意图或图纸与现场不符，扣 1 分/处，最高扣 2 分	
	4. 存在问题与现场不符，扣 1 分/处，最高扣 3 分	
（二）检测方法的正确性（20 分）	1. 缺防雷安全检测作业指导书或防雷检测仪器设备操作规程，扣 1 分/项，最高扣 2 分	
	2. 检测时无检测设备出库及入库，扣 1 分	
	3. 检测现场无安全陪护人员，扣 1 分	
	4. 需静电防护场所安全带、安全帽、绝缘电工鞋和绝缘手套等安全防护装备的配备使用与否，扣 1 分	
	5. 检测方法或仪器操作使用不当，扣 1 分/项，最高扣 2 分	
	6. 检测数据需要开展项目验证或仪器比对试验而未开展的，扣 1 分/项，最高扣 3 分	
	7. 需要数据测量的未进行测量直接填写定性结论，扣 1 分/处，最高扣 4 分	
	8. 签名不全或代签、位置错误，扣 1 分/处，最高扣 2 分	
	9. 仪器编号错填或未填、检测日期错填或未填，扣 1 分/处，最高扣 2 分	
	10. 资料各表单中基本信息错误、资料各表单中页码错写、资料各表单中修改未进行正确标识，扣 1 分/处，最高扣 2 分	

续表

考核内容分值及扣分项		得分
（三）检测报告所载检测项目的完整性（17分）	1.检测方案中检测项目不完整（委托方造成的原因除外）或有明显错误，扣1分/处，最高扣3分	
	2.缺检测合同，或检测合同有明显错误的，扣3分	
	3.未规范使用新疆维吾尔自治区气象局监制的检测报告，检测内容不完整，扣1分/处，最高扣4分	
	4.缺原始记录表，扣1分/页，最高扣5分	
	5.缺防雷装置平面示意图，扣1分	
	6.检测报告编制、审核、批准制度未执行，扣1分	
（四）检测所依据标准的适用性（8分）	1.引用标准错误，扣1分/处，最高扣3分	
	2.被检测对象防雷分类和防雷等级判定错误，扣3分	
	3.引用标准不全或引用过时标准，扣1分/处，最高扣2分	
（五）检测数据的准确性（15分）	1.缺符合要求的防雷安全检测质量管理手册或未执行相应安全检测质量管理流程，扣3分	
	2.使用超检或未检的检测仪器设备，扣1分/台，最高扣3分	
	3.未按检测需要使用对应设备用不能体现其数据科学性、准确性设备替代检测的，扣1分/处，最高扣2分	
	4.检测数据与检测意见不对应，扣1分/处，最高扣2分	
	5.检测数据未按照检测作业指导书或防雷检测仪器设备操作规程取值，扣1分/处，最高扣3分	
	6.检测数据的单位与标准中规定的单位不一致，扣1分/处，最高扣2分	
（六）检测报告与原始记录的一致性（16分）	1.检测报告内容与原始记录表不对应，扣1分/处，最高扣4分；	
	2.原始记录表中数据与检测报告数据不对应，扣1分/处，最高扣4分	
	3.原始记录表中所记录的防雷装置与防雷装置平面示意图不对应，扣1分/处，最高扣2分	
	4.原始记录表中各要素之间不对应，扣1分/处，最高扣2分	
	5.原始记录表中检测过程相关人员签名不对应，扣1分/处，最高扣2分	
	6.原始记录表中无受检单位安全人员确认签字，扣1分	
	7.检测单位与所盖公章是否一致，不一致的扣1分	

续表

考核内容分值及扣分项		得分
（七）检测综合结论的正确性和改进建议的合理性(9分)	1.检测报告(含项目验证或仪器比对试验报告)综合结论不能全面、客观反映检测结果,或检测结论错误,扣1分/处,最高扣3分	
	2.提出的问题与现场不符,扣1分/处,最高扣3分	
	3.改进建议不符合相关规范标准规定或无可操作性,扣1分/处,最高扣3分	
	合计总分	

附件4

防雷装置检测质量考核报告

雷核〔　　〕　　号

考核项目名称________________

检测机构名称________________

考 核 组 组 长________________

考 核 方 式________________

新疆维吾尔自治区气象局监制

声　　明

1. 考核报告无考核组人员签字无效。

2. 考核报告涂改无效。

3. 本考核报告仅对本次考核项目有效。

单位地址：

联系电话：

传真电话：

电子信箱：

邮政编码：

雷核〔　　〕　号　　　　　　　　　　　　　　　　共　　页　　第　　页

<table>
<tr><td>考核项目名称</td><td colspan="3"></td></tr>
<tr><td rowspan="2">检测机构名称</td><td rowspan="2"></td><td>联系人</td><td></td></tr>
<tr><td>联系电话</td><td></td></tr>
<tr><td>考核时间</td><td></td><td>天气状况</td><td></td></tr>
<tr><td>项目地址</td><td colspan="3"></td></tr>
<tr><td rowspan="2">受检单位名称</td><td></td><td>联系人</td><td></td></tr>
<tr><td></td><td>联系电话</td><td></td></tr>
<tr><td>考核组成员</td><td></td><td></td><td></td></tr>
<tr><td>主要检测设备名称</td><td></td><td></td><td></td></tr>
<tr><td>考核依据</td><td></td><td></td><td></td></tr>
<tr><td>考核结论</td><td colspan="3">考核组组长签字：
签发日期：　　年　　月　　日</td></tr>
<tr><td>备注</td><td colspan="3"></td></tr>
</table>

考核组成员签字：

雷核〔　　〕　号　　　　　　　　　　　　　　　　　共　　页　　第　　页

考核内容	检测报告记录信息	考核资料记录信息	考核结果
检测报告对防雷装置及其相关建（构）筑物真实情况的反映程度			
检测方法的正确程度			
检测报告所载检测项目的完整性（以检测合同为依据）			
检测所依据标准的适用性			

考核组成员签字：

雷核〔　　〕　号　　　　　　　　　　　　　　　　　共　　页　　第　　页

考核内容	检测报告记录信息	考核资料记录信息	考核结果
检测数据的准确性			
检测报告与原始记录的一致性			
检测报告综合结论的正确性和改进建议的合理性			

考核组成员签字：

附录9 新疆维吾尔自治区气象局防雷装置检测机构信用管理暂行办法

第一条 为促进防雷装置检测行业诚信自律，净化防雷装置检测市场环境，加大对诚信缺失的治理力度，根据《国务院关于建立完善守信联合激励和失信联合惩戒制度加快推进社会诚信建设的指导意见》和《雷电防护装置检测资质管理办法》（中国气象局令第31号）等有关规定，制定本办法。

第二条 本办法适用于在自治区开展防雷装置检测活动的机构。

本办法所称防雷装置检测，是指按照防雷装置设计标准确定防雷装置的达标情况而进行的检查、测量及信息综合处理全过程。

第三条 自治区气象主管机构负责全疆防雷装置检测机构信用管理和指导工作。

地（州、市）、县（市）气象主管机构负责本行政区域内开展防雷装置检测活动的机构的信用信息采集、审核和管理工作。

第四条 防雷装置检测机构信用信息采集主要包括以下内容：

（一）基本信息，包括法人营业执照号码、注册地址、办公地址、营业范围、法定代表人、防雷装置检测资质证等信息。

（二）信用意愿信息，包括认证认可、守法行为、不良记录及社会责任情况等信息

（三）信用能力信息，包括业务工作组织管理、相关标准规范执行情况、技术和人员保障能力等信息。

（四）市场表现信息，包括服务质量考核、客户评价、政府及行业评价等信息。

第五条 防雷装置检测机构按信用分为失信机构、诚信机构和一般信用机构三类。

（一）失信机构，是指严重违反防雷装置检测有关法规规章的防雷装置检测机构。

（二）诚信机构，是指按照法规规章、标准规范等要求，实施防雷装置检测服务，遵纪守法，遵循市场规律，诚实守信，获得荣誉或受到表彰和奖励的机构。

（三）一般信用机构，即防雷装置检测机构信用一般，指其业务能力、人员素质、经营状况、履约能力、发展潜力、社会信誉、诚信度均一般。

第六条 防雷装置检测诚信机构评选标准：

（一）重视防雷装置检测工作，将防雷装置检测工作纳入单位目标管理，组织机构健全，工作体系责任明确，对诚信机构评选工作有较高的积极性。

（二）防雷装置检测质量控制体系完善，防雷装置检测各项制度和规范完备，并且得到很好的执行；具备先进的防雷装置检测设备设施，并且具有一定的技术力量和人员。

（三）具有一定规模，具有较大防雷装置检测市场覆盖面和品牌影响力。

（四）连续三年内无违法违规记录。

（五）防雷装置检测机构获得检测质量、防雷安全等方面荣誉（在有效期内）的，或受到各级党委政府、主管部门、行业协会等组织其他表彰和奖励的，同等条件下优先评选。

第七条　防雷装置检测诚信机构的评选流程：

(一)由各地(州、市)、县级气象主管机构对在本行政区域内开展防雷检测服务的机构，按照评选标准审查，同时填写《防雷装置检测诚信机构申报表》(见附件1)，向上一级气象主管机构推荐。

(二)地(州、市)气象主管机构于每年3月审定后，于4月15日前报送自治区气象主管机构。

(三)自治区气象主管机构审核后，通过监管平台及信用平台对社会公布。

防雷装置检测诚信机构的评选结果有效期一年。

第八条　在一个评价周期内，地(州、市)、县级气象主管机构应当对防雷装置检测机构的不良记录行为采取即时管理措施。

自治区气象主管机构根据采集的不良记录信息，对有关防雷装置检测机构重新开展信用评价，如需对信用等级进行调整的，应即时调整，并进行信息公开。

第九条　自治区气象主管机构负责实现与政府其他部门或平台的信用信息共享，统一向国务院气象主管机构和自治区人民政府有关部门报送信用信息，定期向社会发布、更新信用信息。

根据社会信用体系建设的需要，自治区气象主管机构负责与其他省(区、市)气象部门建立信用联动机制，实现信用信息共享。

第十条　有下列情形之一的，列入防雷装置检测失信机构：

(一)超越资质许可范围从事防雷装置检测被行政处罚的；

(二)违反有关法律法规被撤销防雷装置检测资质证的；

(三)伪造、涂改防雷装置检测资质证、检测数据或检测报告被行政处罚的；

(四)防雷检测机构未按规定落实年度报告制度两次以上(含两次)的；

(五)在年度雷电防护装置检测质量考核中，有两个以上抽检或复验项目考核不合格的；

(六)开展防雷装置检测发现防雷安全隐患未向被检测企业(单位)或监管机构报告造成损失的；

(七)防雷装置检测机构应发现而未发现防雷安全隐患造成损失的；

(八)防雷装置检测机构不配合监管机构管理情节严重的；

(九)其他违反防雷相关法律法规的。

第十一条　符合本办法第十条规定的情形，由当地气象主管机构承办部门于10日内填写《防雷装置检测失信机构审批表》(见附件2)，经当地气象主管机构审核、分管领导批准后，作出列入失信机构决定，制作《列入失信机构决定书》(见附件3)，并告知行政相对人。

列入失信机构决定书应包括：单位名称、事由、依据、列入日期、作出决定机关等。

第十二条　防雷装置检测机构被外省(自治区、直辖市)气象主管机构行政处罚，且符合本办法第十条规定的，在收到异地气象主管机构相关通报后，由自治区气象主管机构审批列入失信机构。

第十三条　对被列入失信机构有异议的，防雷装置检测机构可以自收到列入失信机构告知之日起30日内，向作出决定的机关提出撤销失信机构的书面申请，填写《撤销失信机构申请表》(见附件4)，并提交相关证明材料。作出决定的机关应当在5日内决定是否受理。予以受理的，应当在20日内核实，并将核实结果书面告知申请人；不予受理的，将不予受理的理由书面告知申请人。

经过核实，对作出失信机构决定存在错误的，应当自查实之日起5日内予以更正。

第十四条 符合下列情形之一的，作出列入失信机构决定的气象主管机构应于做出决定10日内，通过防雷安全监管信息平台以及当地信用平台对社会公布失信机构信息，并将信息报本级政府有关部门和自治区气象主管机构：

（一）防雷装置检测机构从收到列入失信机构告知之日起30日内，未提出撤销失信机构的书面申请的；

（二）防雷装置检测机构提出撤销失信机构书面申请后，作出决定机关仍然维持列入失信机构决定的；

（三）从防雷装置检测机构收到列入失信机构告知之日起30日内，未接到行政复议机关或人民法院相关文书的。

向社会公布失信机构的信息应当包括机构名称、地址、案由、列入日期、列入机关、处罚信息等。

处罚信息包括处罚名称、行政处罚决定书文号、处罚事由、处罚依据；被处罚人名称、统一社会信用代码（自然人为身份证号）、组织机构代码、工商登记码；法定代表人姓名、身份证号；处罚结果、处罚决定日期、处罚机构等。

第十五条 因行政复议或行政诉讼被撤销处罚的，作出处罚的气象主管机构应当自撤销处罚之日起5日内，向自治区气象主管机构报告，自治区气象主管机构接到报告之日起5日内作出撤销失信机构决定。

已对外公布失信机构信息的，2日内将失信机构信息从对外公布的平台上移出。

第十六条 失信机构信息公布满3年，作出列入失信机构决定的气象主管机构经核查，在列入期间未发现有违反防雷装置检测有关法律法规行为的，应当作出移出决定，制作《移出失信机构决定书》（见附件5），并告知行政相对人。作出移出失信机构决定之日起10日内，将移出决定书报本级政府有关部门和自治区气象主管机构，并及时调整对外公布的失信机构。

移出失信机构决定书应包括：机构名称、事由、依据、移出日期、作出决定机关等。

列入失信机构期间，防雷装置检测机构出现新的违法行为被气象部门行政处罚的，失信机构期限自新的违法处罚决定书作出之日起满3年止。

第十七条 防雷装置检测机构被处以撤销防雷装置检测资质证处罚的，自被撤销之日起5年内不得移出失信机构。

出现第十条第五项、第六项情形的，终身不得移出失信机构。

第十八条 各级气象主管机构应当将被列入失信机构的防雷装置检测机构纳入重点监管对象，同时按下列要求对其进行整改：

（一）对法定代表人、机构负责人实施约谈；

（二）对不达指标的机构，每半年进行一次复查；

（三）每年进行不定期抽查，抽查比例不少于20%，抽查频次为每年不少于三次。

第十九条 各级气象主管机构实施行政审批时，不得委托防雷装置检测失信机构开展相关防雷检测。

第二十条 鼓励社会组织和个人对防雷装置检测机构的经营行为进行监督，发现有违反防雷装置检测有关法律法规行为的，积极向各级气象主管机构举报。

第二十一条 各级气象主管机构在防雷装置检测机构信用管理过程中，滥用职权、玩忽职守、徇私舞弊的，应当依法依规予以追责。

第二十二条 本办法由新疆气象局负责解释，并自发布之日起施行。

附件 1

防雷装置技术服务诚信机构申报表

单位名称		法定代表人	
地　　址		联系人及职务	
单位性质		联系电话	
基本情况			
县级气象主管机构意见	单位公章： 年　　月　　日		
地(州、市)级气象主管机构意见	单位公章： 年　　月　　日		

注：同时提供从事防雷装置技术服务相关资质或能力认证明复印件、工商营业执照复印件、组织机构代码证复印件、获得有关荣誉证书复印件。

附件2

防雷装置技术服务失信机构审批表

单位名称		法定代表人	
地　　址		联系人及职务	
单位性质		联系电话	
列入失信机构缘由			
申请单位意见			
政策法规处(科)室意见	签名： 年　　月　　日		
地(州、市)级气象主管机构意见	单位公章： 年　　月　　日		

附件 3

列入失信机构决定书

×××字〔　　〕第××号

××××××××：

你单位因××××××××××××××，根据《新疆维吾尔自治区气象局防雷装置技术服务机构信用管理暂行办法》第十条规定，决定将你单位列入防雷装置技术服务失信机构。

如有异议，可自公布之日起 30 日内，向×××气象局提出撤销失信机构的书面申请，填写《撤销失信机构申请表》，并提交相关证明材料。

×××××××气象局

××××年××月××日

附件 4

撤销失信机构申请表

单位名称		法定代表人	
地　址		联系人及职务	
列入失信机构日期		联系电话	
撤销理由	（包括处罚名称、行政处罚决定书文号、处罚类别、处罚事由、处罚依据、行政相对人名称、行政相对人统一社会信用代码（自然人为身份证号）、行政相对人组织机构代码、行政相对人工商登记码、法定代表人姓名、法定代表人身份证号、处罚结果、处罚决定日期、处罚机构、处罚部门等。）		
政策法规处（科）室意见	签名： 年　月　日		
市级气象主管机构意见	单位公章： 年　月　日		

附件 5

移出失信机构决定书

×××字〔　　〕第××号

×××××××：

你单位因×××××××××××××，根据《新疆维吾尔自治区气象局防雷装置技术服务机构信用管理暂行办法》等规定，决定将你单位移出防雷装置技术服务失信机构。

××××××气象局

××××年××月××日

附录 10　新疆维吾尔自治区气象局防雷安全监管“双随机一公开”实施细则

第一章　总则

第一条　为强化防雷安全事中事后监管，规范监管工作，依据《国务院关于优化建设工程防雷许可的决定》(国发〔2016〕39 号)及《中国气象局随机抽查规范事中事后监管工作实施方案》(气办发〔2015〕43 号)等有关规定，制定本细则。

第二条　本细则所指“双随机一公开”是指气象主管机构对防雷安全责任企业进行监督管理时，随机抽取被抽查责任企业，随机抽取监管人员，抽查结果向社会公开。

第三条　“双随机一公开”坚持规范监管、公正高效、公开透明、协同推进的原则。

第四条　新疆维吾尔自治区气象局执法总队负责全疆“双随机一公开”工作的组织、指导、抽查，建立并逐步完善全疆防雷安全监管“双随机一公开”管理系统。

地(州、市)、县(市、区)气象局执法机构负责本行政区域内防雷安全责任企业“双随机一公开”工作的组织实施。

第五条　除投诉举报、大数据监测、转办交办的以外，对所有防雷安全责任企业的监管均应采取“双随机一公开”方式开展。

第六条　各级气象主管机构应将本行政区域涉及气象安全生产监管事项列入随机抽查事项清单，建立随机抽查事项清单，并清单内容向社会公布。

第二章　种类和方式

第七条　按被抽查主体分类，“双随机一公开”抽查可分为不定向抽查和定向抽查。

不定向抽查是指在防雷安全责任企业库中，随机抽取企业进行防雷安全检查。

定向抽查是指按照企业类型、规模、行业等特定条件，随机抽取企业进行防雷安全检查。

第八条　按抽查主体和抽查内容分类，“双随机一公开”抽查可分为跨部门联合抽查、系统内综合抽查和专项抽查。

跨部门联合抽查是指在政府的统一组织下，根据抽查内容或行业特点，气象主管机构联合相关政府部门，整合抽查任务，联合开展抽查。

系统内综合抽查是指气象主管机构基于防雷安全责任企业防雷相关安全生产情况开展抽查。

专项抽查是指各级气象主管机构根据特定任务和要求就单一事项进行快捷、高效的抽查。

第九条　随机抽查方式可分为实地核查、书面抽查、网络监测、邮寄专用信函四种。

开展“双随机一公开”的抽查机构，可根据实际情况采取不同抽查种类和方式开展防雷安全监管工作。

第三章 “两库一单”

第十条 各级气象主管机构应当建立本级防雷安全监管对象名录库和监管人员名录库(以下简称“两库”),并及时对“两库”进行动态更新。

监管对象名录库包括企业名称、统一社会信用代码(注册号)、法定代表人、住所、登记机关、管辖单位等。

监管人员名录库内容包括人员姓名、性别、单位、部门、执法证编号、业务专长等。

第十一条 各级气象主管机构应当根据法律法规的规定制定本部门随机抽查事项清单。清单内容包括抽查项目、抽查主体、抽查依据、抽查内容等。

随机抽查事项清单应当根据法律法规和工作实际及时进行调整,经有关部门审核后向社会公布。

第十二条 各级气象主管机构应加强对监管人员的教育培训和指导监督,提高业务能力和素质,保证“双随机一公开”抽查工作的效率和质量。

第四章 具体实施

第十三条 各级气象主管机构应当根据实际,制定年度抽查计划,并按照不低于5%(以上一年度抽查单位数量确定当年的抽查比例)的比例,确定年度重点抽查对象。

第十四条 各级气象主管机构应当按照年度抽查计划开展抽查,不得随意增加或减少抽查次数。

第十五条 各级气象主管机构应当根据年度抽查计划制定抽查实施方案。实施方案包括抽查项目名称、抽查对象、抽查范围、抽查比例、抽查方式、抽查内容、实施时间以及相关要求等。

第十六条 抽查比例和频次应当公正、合理,既要保证必要的抽查覆盖面和监管力度,又要防止抽查过多和监管扰民。原则上,年度内对同一防雷安全责任企业的抽查不超过两次。

对社会关注度高、列入经营异常名录或有严重违法违规记录等情况的防雷安全责任企业,可增加抽查频次。

第十七条 随机抽取的监管人员应在2名以上,对抽查事项有专业性要求的,专业人员应参加抽查。监管人员与被抽查防雷安全责任企业有利害关系的,应当依法回避。

第十八条 实施抽查时,发现防雷安全责任企业落实防雷安全管理不规范时,应如实记录抽查过程,填写抽查情况表,双方签字盖章,并对其不规范行为当场予以纠正。

第十九条 按照“谁抽查、谁录入、谁公示”的原则,监管人员应当在抽查结束后,将存在安全隐患的抽查结果通过监管平台公示。

第二十条 各级气象主管机构在“双随机”基础上,可采取与安监或其他相关安全监督部门联合开展监管,也可同时邀请人大代表、政协委员、廉政监督员及媒体参加。

第二十一条 地(州、市)、县(市)气象主管机构完成抽查工作后,应当及时将抽查情况报上一级气象主管机构备案。

第六章 处罚和考核

第二十二条 防雷安全责任企业在接受抽查中有下列情形之一的,气象主管机构应当将其列入防雷安全责任企业异常名录予以公布。

(一)拒绝抽查人员进入被抽查场所的;

(二)拒绝向抽查人员提供相关材料的;

(三)不如实或者不按要求提供情况或者相关材料的;

(四)其他阻挠、妨碍抽查工作,致使抽查工作无法正常进行的。

第二十三条 禁止抽查人员滥用职权、玩忽职守、徇私舞弊,一经发现依照有关规定予以处理。

第七章 附则

第二十四条 本办法自印发之日起施行。